「黃金比率」調味法
必學基本料理100

2 : 2 : 2 : 1

【懇請】

完全不加思索地以「黃金比率調味法」來進行

請務必做做看。
先試一次再說。

無論何時，任誰都能作，
調味極佳、絕妙的「黃金比率」。
『ORANGE PAGE』不斷試作思索出的夢幻組合。
本書介紹100種使用「黃金比率」的基本必學料理。
首先希望大家能先挑選一道，依照「黃金比率」製作看看。
體驗〈恰到好處的美妙滋味〉，這令人感動的瞬間，請務必一試！

第4章
「配菜」的基本黃金比率。

column

製作前
務必確認！

本書的規則

為了能正確地重現「黃金比率調味法」，首先要掌握本書的規則。特別是調味料的測量方法、選擇方法會大幅影響風味。並且，所有「黃金比率調味法」，正是〈材料表中食材份量〉的最佳調味。千萬不要忘了測量食材喔！

關於少許與1小撮

「少許」是以姆指和食指抓取的份量，約是⅛小匙。「1小撮」是用姆指、食指和中指抓取的份量，約是⅕小匙。很多人在測量時會過少，請多加注意。

關於大匙、小匙、杯

1大匙是15ml、1小匙是5ml、1杯是200ml

關於使份量匙進行測量

正確測量粉末類

1匙

測量1匙，先舀成高高隆起的形狀，以其他匙柄拂過表面，刮去多餘的份量，表面平坦即OK。

½匙

測量½匙，在測量出平坦的1匙後，用其他匙柄在中央劃出標線，刮掉多餘的部分。⅓匙、¼匙也是採用相同的方法。

正確測量液體

1匙

測量1匙，是倒入至即將滿溢、呈現表面張力的狀態。側面看起來，會因表面張力形成隆起，就是測量標準。

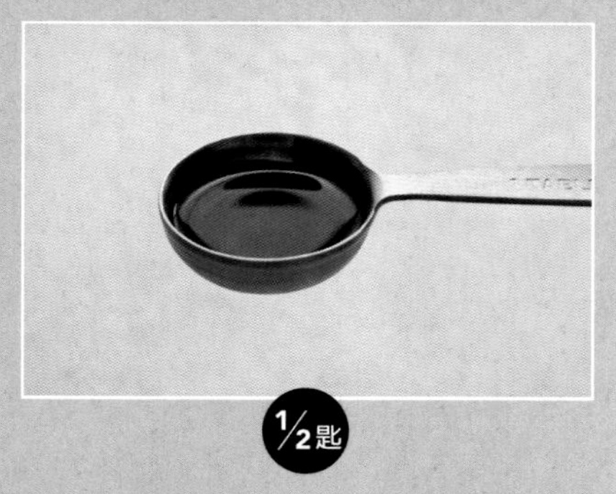

½匙

測量½匙，約是倒入至量匙底部算起⅔的高度（因為底部的容積較小）。⅓、¼杯，也是由底部算起略多一點的程度。

關於少見的調味料

● 甜麵醬→**使用在 P72、P74**

以麵粉、鹽、麴釀造製作的黑色味噌。特徵是帶有黏稠的甜味與濃郁感。以搭配北京烤鴨享用的甜味噌而聞名。

● 黑醋→**使用在 P84、P120**

相對於以精製米為原料釀造的米醋，這款特徵是使用糙米、精製度較低的米，長期熟成釀造。因此呈現褐色，濃郁美味（照片上）。另外，餐廳中常見的黑糖醋肉，大多會使用中國的「香醋」（照片下）製作。

關於基本調味料

● 醬油

料理幾乎都使用「濃口醬油」。只有 P101「豆腐涼拌菠菜」、P104「高湯蛋卷」，為了烘托食材色澤而使用「薄口醬油」。

● 味噌

幾乎料理中使用的都是鹽分 12% 的「米味噌」（照片上）。只有 P31 的「西京燒鰆魚」，為呈現優雅甜味地使用了「白味噌」（照片下）。鹽分 5% 左右，因此需要補上少許的鹽。

● 鹽

使用「精製鹽」（顆粒細小鬆散狀的鹽）。因鹽粒的大小會使鹽分及重量不同，必須多加注意。精製鹽 1 小匙＝約 6g（鹽分約 6g），粗粒鹽 1 小匙 ＝ 約 5g（鹽分約 5g）。

● 砂糖

使用「上白糖」。

● 酒

使用「日本酒」（純米酒）。料理酒大多會添加鹽或甜味，請再斟酌增減調味。

● 醋

使用「米醋」。特徵是圓融溫和的酸味，依個人喜好，改用味道鮮明的「穀物醋」也 OK。

● 高湯

使用刨削的鰹魚片所萃取的「鰹魚高湯」。若使用顆粒高湯，大部分都含有鹽分，請再斟酌增減調味。

關於平底鍋

沒有特別記載時，使用直徑 26cm 氟碳塗料加工平底鍋。

關於微波爐

加熱時間以 600W 的微波爐為參考標準。使用 500W 的時間是 1.2 倍，700W 的時間是 0.8 倍，請依此參考標準來調整加熱時間。

關於烤箱

加熱時間以 1000W 為參考標準。因機型而有不同，請觀察狀態進行烘焙。

關於落蓋

使用烤盤紙折疊後剪裁而成。裁切成直徑 26cm 的烤盤紙，折 8 折後，如照片般剪下頂端的 5mm，左右邊共剪出 3 道切口就完成了。在剪出的小洞中，煮汁可以噗咕噗咕地散出，落蓋不會浮起，更容易與食材緊密貼合。若沒有烤盤紙，用直徑 26cm 的鋁箔紙同樣折疊製作也 OK。

關於作法

第 4 章（P96 ～ 117）配菜的一部分以及全部的醬汁（P.118 ～ 121），都可以冷藏保存。使用可耐熱的保存容器時，請先以熱水消毒；若無法耐熱時，請先以食用酒精清潔後再使用。

第1章

日式料理的基本黃金比率。

薑燒豬肉或馬鈴薯燉肉等
日式料理中大多是以＜醬油＞作為基礎風味。
只用砂糖、味醂，添加同等的甜味，
就能完成大家喜愛的甜鹹口味。
簡而言之，多半都是比例簡潔、容易牢記、方便測量！
可以立即感受到黃金比率的優點。

三色丼

甜鹹的「照燒醬汁」，也能成為雞絞肉鬆的調味！
量多量少都能製作，還可以捏成飯糰或當作便當菜。

材料（2人分）

＜雞絞肉鬆＞※

- 雞絞肉……200g
- 照燒醬（參照右頁）……全量

雞蛋……2個
荷蘭豆……10根
熱白飯……丼碗2碗份（約400g）
鹽 味醂 砂糖 酒

※方便製作的份量（約3人份）。剩餘的約可冷藏3～4天。

準備工作

- 撕除荷蘭豆的粗筋，用加了少許鹽的熱水燙煮，取出後浸泡冷水。放涼瀝去水分，斜向切成細絲。
- 攪散雞蛋，與味醂1大匙、砂糖和酒各½大匙、鹽1小撮混拌。

1 製作炒蛋

在平底鍋中放入蛋液，中火加熱。用3～4根烹調長筷不斷地拌炒約2分鐘。待炒蛋變得鬆散時取出，拭淨平底鍋。

2 混拌醬汁與絞肉

在平底鍋中放入照燒醬汁的材料混拌，再拌入雞絞肉。加熱前先與醬汁混拌更能讓味道充分滲入食材，仔細地將絞肉攪散。待全體雞絞肉與醬汁融合後，再開火以中火加熱。

3 拌炒絞肉，完成

與步驟**1**相同的訣竅，不斷拌炒約4分鐘。待湯汁收至剩少許時，熄火。在丼碗中均等盛入白飯，各別鋪放⅓份量的雞絞肉鬆，擺放½的炒蛋和荷蘭豆。

（1人份635kcal、鹽分2.5g）

醃醬

蒜香醬油醬汁的黃金比率

日式炸雞塊

一口咬下，滿溢出蒜香醬油風味！加入鹽1小撮，就是美味的關鍵。

材料（2人分）

雞腿肉（大）⋯⋯⋯1片（約300g）

＜蒜香醬油醬汁＞

- 蒜泥⋯⋯⋯½瓣
- 醬油⋯⋯⋯1大匙
- 酒⋯⋯⋯1大匙
- 鹽⋯⋯⋯1小撮

＜麵衣＞

- 太白粉、麵粉⋯⋯各3～4大匙

月牙狀檸檬片⋯⋯⋯適量

沙拉油

這個醬汁是什麼樣的味道？

蒜泥香氣更激發食慾的醃醬。不只是醬油，鹽的鹽分釋出，完全不用擔心味道不夠鮮明。

其他可以應用的料理

酥炸肉類或魚類時的醃醬，運用範圍廣泛。豬肉薄片醃後油炸，就是香噴噴的下酒菜。也很適合搭配竹筴魚、秋刀魚等青背魚。

1 分切雞肉，醃漬調味

切除雞肉多餘的脂肪，分切成8塊。在缽盆中混拌蒜香醬油醬汁的材料，加入雞肉，以手用力抓拌約20次。於室溫約放置20分鐘，使其入味（盛夏等室溫較高時，則放入冷藏室）。

POINT!

靜置時間10分鐘和20分鐘，入味程度會完全不同，因此務必要放至20分鐘！此外，若長時間放置時，雞肉會變硬，因此最長以30分鐘為限。

2 混合2種粉類沾裹表面

在方型淺盤中混拌麵衣用的太白粉和麵粉（藉由混拌2種粉，成為不容易剝離的麵衣）。調整雞皮形狀，使整體表面沾裹粉類。用手抓握，讓麵衣能確實附著在表面。

3 用平底鍋開始油炸

在平底鍋中加入約2cm高的沙拉油，加熱至略低的中溫※。雞皮面朝下地放入雞肉，不動作靜靜地油炸約30秒。

※170℃。用乾燥的烹調長筷抵住鍋底時，會直直地冒出細小氣泡的程度。

4 不斷翻面油炸，瀝去油脂

待麵衣變硬呈現淡淡色澤後，邊上下翻面邊炸2分30秒～3分鐘。最後轉為大火，炸至酥脆約1分鐘30秒，瀝乾炸油。盛盤搭配檸檬片。

（1人份475kcal、鹽分1.9g）

相同醬汁略略加以變化組合！

龍田風炸鯖魚

粉類改為僅使用太白粉。香香酥酥，口感更加輕盈！

材料（2人分）

鯖魚片（半片、大）……1片（約250g）
蒜香醬油醬汁（參照右頁）…全量
醋橘對半分切……適量
太白粉 沙拉油

製作方法

❶ 鯖魚除去中央魚骨，斜斜的切除腹部魚刺，夾出小魚刺，切成寬2cm大小（實際重量約160g）。在缽盆中放入蒜香醬油醬汁的材料混拌，放入鯖魚，使其沾裹後靜置於室溫中約10分鐘。拭去鯖魚醬汁，適當地沾裹上太白粉後，抓握。

❷ 參照上述步驟**3**、**4**，相同地製作。在翻面後炸約3分30秒，瀝去炸油。盛盤，佐以醋橘。

（1人份267kcal、鹽分1.4g）

味噌 大匙2：酒 大匙2：砂糖 大匙1

味噌醬汁的黃金比率

味噌炒香茄豬五花

被稱為「鍋鴫（鍋しぎ）」的這道菜餚，

甜味噌風味最迷人。

能夠飽嚐拌炒香茄的柔軟及美味。

材料（2人分）

茄子……3個（約240g）
豬五花薄片……120g
青椒……2個（約60g）
紅辣椒圈……½根

<味噌醬汁>
味噌……2大匙
酒……2大匙
砂糖……1大匙
沙拉油

這個醬汁是什麼樣的味道？ 有著砂糖甜味又濃郁的味噌醬。為了能順利地包覆拌炒的食材，而用酒等稀釋使用。

其他可以應用的料理 可用作各式肉類蔬菜拌炒時的醬汁。高麗菜 × 豬五花、豆芽菜 × 絞肉等，都是可以完美搭配的推薦組合。

1 分切蔬菜與肉類

切除茄蒂，用刨削器將表皮刨削出相間的紋路（這樣可以更快熟透）。切成一口大小的滾刀塊，浸泡在水中約5分鐘，用網篩瀝去水分。青椒縱向對切，去蒂去籽，切成略小的一口大小。豬肉切成6～7cm長。混合味噌醬汁的材料。

2 拌炒茄子，取出備用

在平底鍋中放入沙拉油2大匙，用略強的中火加熱，放入茄子拌炒2～3分鐘。待表皮呈現光澤，茄子略呈焦色時，取出備用。

POINT!
雖然多道工夫，但茄子先拌炒過，是很重要的訣竅。確實過油拌炒至變軟。

3 拌炒肉類和青椒

同一個平底鍋中放入豬肉，以中火拌炒1～2分鐘。待豬肉變色釋放出油脂之後，加入青椒、紅辣椒圈，全體沾裹上油拌炒約30秒。

4 放回茄子，完成

將**2**的茄子放回鍋中，加入味噌醬汁。使醬汁均勻沾裹至全體食材地迅速拌炒，熄火。
（1人份445kcal、鹽分2.3g）

相同醬汁略略加以變化組合！

味噌炒南瓜牛肉

濃郁的味噌香氣，與南瓜是絕配。非常有飽足感的一道料理。

材料（2人分）

南瓜…1/6個（實際重量約200g）
碎牛肉片……150g
獅子唐椒……6根
紅辣椒圈……½根
味噌醬汁（參照右頁）……全量
酒　太白粉　沙拉油

製作方法

❶ 南瓜除去瓜囊和籽，橫向對切後切成寬1cm的大小。牛肉用酒、太白粉各1小匙拌勻備用。
❷ 在平底鍋中放入沙拉油½大匙，以稍弱的中火加熱，放入南瓜片，煎約2分鐘。翻面後，灑上1大匙水，蓋上鍋蓋燜煎約2分鐘後取出備用。同一個平底鍋，加入½大匙沙拉油。參照上述步驟**3**、**4**，相同地製作（但青椒改用獅子唐椒、茄子以南瓜替代）。

（1人份441kcal、鹽分2.3g）

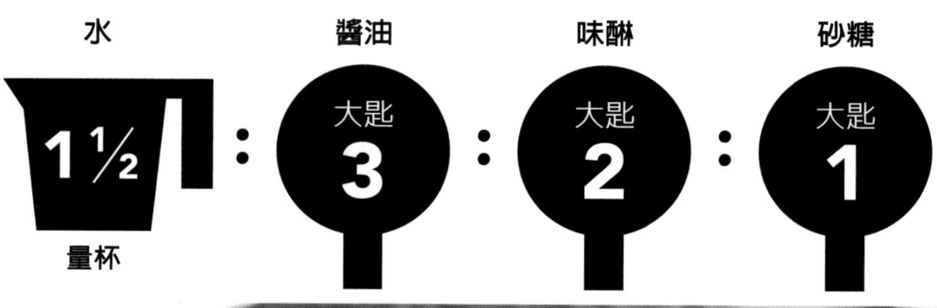

甜鹹醬油露的黃金比率

馬鈴薯燉肉

煮得鬆軟的馬鈴薯，甜鹹入味。
牛肉拌炒後先取出備用，
如此便不需擔心牛肉變得乾硬或破碎了！

材料（2～3人份）

馬鈴薯‥3個（約450g）
碎牛肉片……………150g
洋蔥……½個（約100g）
紅蘿蔔…½根（約80g）

<甜鹹醬油露>

水……………………1½杯
醬油………………3大匙
味醂………………2大匙
砂糖………………1大匙

沙拉油

準備工作

- 馬鈴薯削皮切成4等分，用水沖洗約5分鐘瀝去水分。
- 洋蔥切成寬1.5cm的月牙狀，紅蘿蔔去皮切成略小於一口大小的滾刀塊。
- 混合甜鹹醬油露的材料。
- 參照P9，同樣地製作落蓋。

這個醬汁是什麼樣的味道？

以最受歡迎，甜鹹醬油風味基底完成的醬油露。添加了味醂和砂糖，有較強的甜味和光澤。烹調用途廣，希望大家都能熟練使用的一款醬油露。

其他可以應用的料理

因為不是高湯而是用水當基底，因此可用於肉類、魚類等，會釋出美味的食材。最適合用在筑前煮、鰤魚燉蘿蔔、燉煮牛肉牛蒡時。

1 拌炒牛肉、取出備用

在平底鍋中放入沙拉油½大匙，以中火加熱，拌炒牛肉。拌炒約1分鐘至牛肉變色，先取出備用，在熬煮前再放回才不會煮至過硬。

2 拌炒蔬菜，加入醬油露

粗略拭淨**1**的平底鍋，加入½大匙沙拉油，以中火加熱。放入馬鈴薯、紅蘿蔔、洋蔥，拌炒約2分鐘，至馬鈴薯的邊角呈透明感。放回牛肉加進甜鹹醬油露，煮至沸騰撈去浮渣。

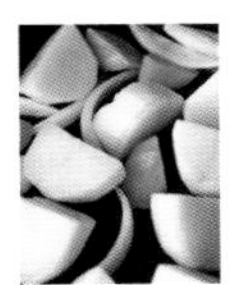

3 蓋上落蓋燉煮

蓋上落蓋，避免煮至破碎地邊視其狀況邊轉為小火，煮約10～12分鐘（維持醬油露會噗滋噗滋冒氣泡的火候）。過程中上下翻動1～2次，均勻受熱地燉煮。

POINT!

用略少的醬油露但想要使食材入味時，落蓋就非常必要！當醬油露氣泡撞到落蓋後落下，就能讓全體都沾裹到湯汁。

4 收汁完成燉煮

試著用竹籤刺入馬鈴薯，可以輕易刺穿時就OK。取下落蓋，轉為略強的中火，輕巧地上下翻動燉煮2～3分鐘。當煮汁濃縮成⅓量時，熄火。

（⅓份量339kcal、鹽分2.7g）

相同醬汁略略加以變化組合！

甜鹹風味的燉煮蘿蔔豬五花

滲入豬五花濃郁風味的蘿蔔非常好吃！相較於馬鈴薯燉肉，更是「醬油露烹煮」的完美示範。

材料（2～3人分）

蘿蔔	½根（約600g）
豬五花薄片	180g
甜鹹醬油露（參照右頁）	全量
青蔥（切末）	適量
沙拉油	

製作方法

❶ 蘿蔔削皮，切成寬1.5cm的半圓形。豬肉切成長6～7cm。參照右頁的準備工作，製作甜鹹醬油露和落蓋。

❷ 在平底鍋中放入沙拉油1小匙，以中火加熱，拌炒豬肉約1分鐘。加入蘿蔔，拌炒2分鐘至表面略呈透明後，加入醬油露。參照上述步驟**3**、**4**相同地製作，將燉煮時間改為18分鐘。盛盤，撒上蔥末。

（1人份483kcal、鹽分3.2g）

更多應用 甜鹹醬油露的使用

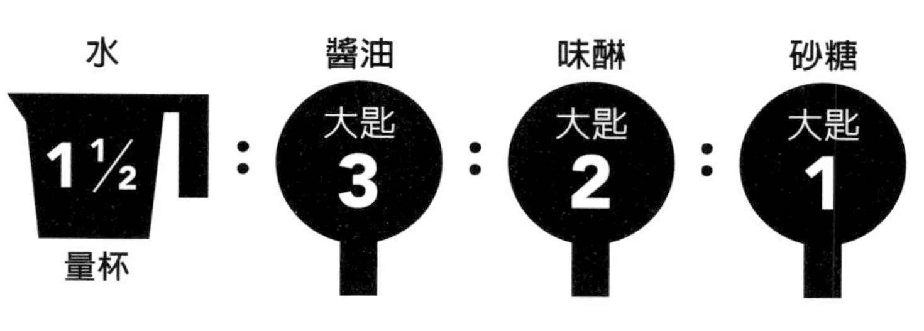

材料（3～4人分）

雞腿肉（小）……………………1片（約200g）
牛蒡……………………………1根（約150g）
蓮藕……………………………½節（約100g）
紅蘿蔔（小）……………………1根（約100g）
新鮮香菇…………………………………3個
蒟蒻（除去澀味後）………………………100g
甜鹹醬油露（參考前頁）…………………全量
沙拉油

準備工作

- 以刀背粗略刮去牛蒡表皮，削去蓮藕、紅蘿蔔外皮。都切成一口大小的滾刀塊，牛蒡和蓮藕沖水後，瀝去水分。
- 切除香菇下端髒污，切成4等份。
- 蒟蒻用湯匙挖成一口大小。
- 雞肉除去多餘的脂肪，切成一口大小。
- 混合甜鹹醬油露的材料。
- 參照 P9，同樣地製作落蓋。

1 拌炒材料

在平底鍋中放入 ½ 大匙沙拉油以中火加熱，放入雞肉拌炒。雞肉變色後，加入其餘的材料，待整體混拌沾裹上油後，再混合拌炒約2分鐘。

2 加入醬油露，烹煮

加入甜鹹醬油露，煮至沸騰後撈除浮渣。蓋上落蓋，用略小的中火烹煮20～25分鐘（過程中上下翻動1～2次）。煮至湯汁約至食材高度的⅓左右，就是完成烹煮的參考標準。

3 轉為大火，收乾湯汁

取出落蓋，轉為大火。不斷大動作混拌，邊收乾湯汁僅留少量續煮1～2分鐘。熄火，盛盤。

（¼份量207kcal、鹽分2.1g）

筑前煮

雞腿肉的美味，
與確實吸飽醬油露的根莖類，入味好吃。

鰤魚燉蘿蔔

魚骨肉的油脂和風味釋放至蘿蔔中，無上的美味！
改用鰤魚片也可以美味地完成烹煮。

材料（2～3人分）

鰤魚骨肉※……300g
蘿蔔（直徑7～8cm）……½根（約500g）
薄切薑片……2小塊
甜鹹醬油露（參考右頁）……全量

※無法取得時用鰤魚片也OK。但比魚骨肉更容易變硬，因此步驟**2**，蘿蔔和薑片先煮約5分鐘後再加入魚片，煮約10分鐘。

準備工作

- 煮沸大量的熱水，轉為小火後放入鰤魚骨肉。待表面變白後，取出置於冷水中。搓洗掉黏滑和血漬，沖洗乾淨後用濾網瀝乾備用（霜降法）。
- 參照P9，同樣製作落蓋。

1 微波加熱蘿蔔

蘿蔔切成寬2cm的圓片，削去厚皮對半切。平放在直徑約25cm的耐熱烤皿內，灑上1大匙水。鬆鬆地覆蓋保鮮膜，用微波爐加熱約10分鐘。取出在冷水中放涼，拭乾水分。

2 用醬油露烹煮

在平底鍋中放入甜鹹醬油露的材料，用大火加熱。煮至沸騰後放入蘿蔔、魚骨肉、薑片。蓋上落蓋以中火加熱，煮約12～15分鐘（過程中上下翻動1～2次）。烹煮時間會因蘿蔔的含水量而有不同，因此請參考步驟**3**照片中的顏色進行調整。

3 轉為大火，收汁

取出落蓋，轉為大火。邊晃動平底鍋，邊收乾湯汁至鍋底僅殘留少量，約煮1～2分鐘。熄火，盛盤。

（¼份量232kcal、鹽分2.7g）

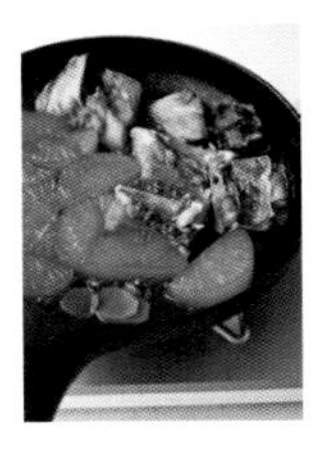

味噌醬油露的黃金比率

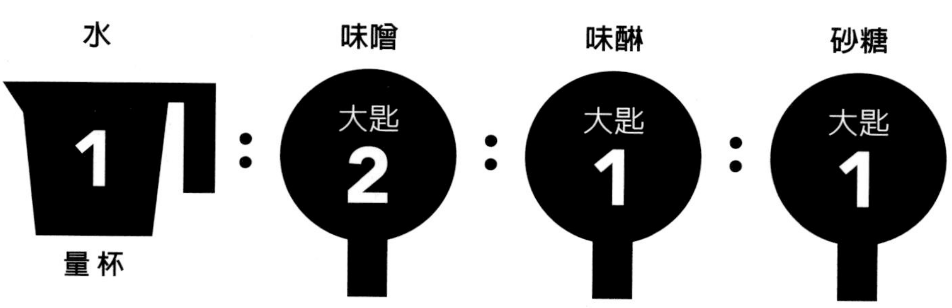

味噌鯖魚

濃郁甜口的味噌醬油露，是下飯的好滋味。
味噌分2次錯開時間加入，
更能品嚐出味噌的香氣。

材料（2人分）

鯖魚片（帶骨）……2片
（約250g）
薄切薑片……1塊
蔥……1根

<味噌醬油露>
水……1杯
味噌……2大匙
味醂……1匙
砂糖……1大匙

準備工作

- 參照P9，同樣地製作落蓋（但烤盤紙裁成直徑24cm）。
- 蔥切成5cm長段。

這個醬汁是什麼樣的味道？

甜味明顯，醇厚濃稠的味噌風味。添加了味醂和砂糖，因而越熬煮就越濃稠，也會呈現出光澤。

其他可以應用的料理

最適合用於像鯖魚般沒有特殊濃重氣味的魚類。也建議使用在同樣是青背魚的沙丁魚、竹筴魚、秋刀魚等的烹煮。依個人喜好添加牛蒡也很美味。

1 鯖魚用霜降法處理

在鯖魚表皮斜向劃出5～6道切紋。排放在濾網中，全體澆淋熱水。待魚肉部分略呈白色即OK。將魚片移至裝滿水的缽盆中，搓洗去血污（霜降法）。熱水澆淋後，表面的蛋白質凝固再沖洗，就能阻絕魚腥味。

2 味噌醬油露煮至沸騰，放入鯖魚

在直徑約24cm的平底鍋，放入味噌醬油露份量中的味噌1大匙、水、味醂、砂糖，混拌溶解味噌。以中火加熱煮至沸騰後，鯖魚皮面朝上地排放至鍋中。若醬汁尚未煮至沸騰就放入鯖魚，會產生魚腥味，務必注意。加入蔥、薑。

3 蓋上落蓋烹煮

用湯匙舀起醬汁澆淋在鯖魚表面，待全體都浸潤後，蓋上落蓋。烹煮5～6分鐘，至煮汁成為½份量左右。

4 邊澆淋湯汁邊烹煮

取出落蓋，在魚片間隙加入其餘的味噌，用湯匙使其溶解在醬汁中。再次用湯匙舀起醬汁澆淋在鯖魚表面，繼續煮約1～2分鐘。待醬汁收乾至略顯濃稠，即完成。（1人份355kcal、鹽分1.8g）

POINT!

因魚肉較容易煮散，因此不上下翻面而改以澆淋煮汁才是最正確的作法。煮掉醬油露中多餘的水分，至產生濃稠也是其美味的特色。

相同醬汁略略加以變化組合！

味噌煮豬肉牛蒡

牛蒡質樸的風味與味噌醬油露再適合不過。敲碎後更容易入味。

材料（2人分）

牛蒡（大）……1段（約20g）
豬五花薄片……150g
味噌醬油露（參照右頁）……全量
芝麻油　辣椒粉

製作方法

❶ 牛蒡用刀背刮去表皮，以擀麵棍敲裂後縱向對切。再切成6cm長段，用水漂洗約5分鐘，瀝乾水分。豬肉切成長6～7cm。取味噌醬油露中的味噌1大匙以及其餘的材料混合。

❷ 在平底鍋中放入芝麻油1小匙，以中火加熱，依序放入豬肉、牛蒡拌炒2分鐘。加入味噌醬油露融合，煮至沸騰後蓋上鍋蓋，邊混拌邊轉為小火約煮20分鐘。將其餘的味噌溶解至煮汁中，盛盤，撒上少許的辣椒粉。

（1人份422kcal、鹽分1.6g）

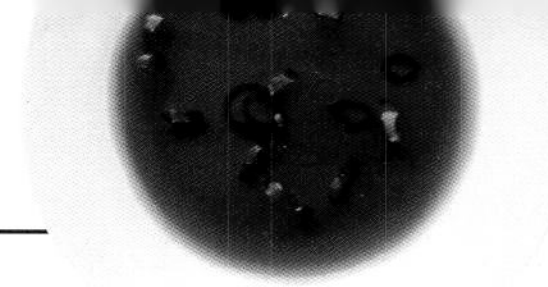

南蠻醬汁的黃金比率

紅辣椒 1根 : 水 大匙4 : 醬油 大匙2 : 醋 大匙2 : 砂糖 大匙1

南蠻醋漬竹筴魚

鬆綿柔軟的竹筴魚
搭配入味的酸甜醬汁！
略軟的新鮮蔬菜也很美味。

材料（2～3人分）

- 竹筴魚（三片切）…3條（約200g）
- 洋蔥……½個
- 紅蘿蔔……⅕根（約30g）
- 青椒……1個

<南蠻醬汁>

- 紅辣椒……1根
- 水……4大匙
- 醬油……2大匙
- 醋……2大匙
- 砂糖……1大匙

沙拉油　太白粉

準備工作

- 洋蔥縱向切成薄片。
- 紅蘿蔔削皮縱向切成細絲。
- 青椒縱向對半分切，去蒂除籽縱向切成細絲。
- 紅辣椒去蒂除籽，切成小圓片。

這個醬汁是什麼樣的味道？

酸味柔和，帶著微甜的滋味。「南蠻」指的是用紅辣椒、蔥花等呈現出香氣的料理，在此是將紅辣椒切成小圓圈狀。

其他可以應用的料理

主角竹筴魚用新鮮鮭魚或豬肉來代替也OK。或是浸漬素炸蔬菜也十分美味。茄子、蘆筍、櫛瓜等，建議使用不容易出水的蔬菜。

1 拔除竹筴魚的小刺

拔除竹筴魚的小魚刺，長度對半分切。拔除魚骨時，按住魚身朝魚頭方向輕輕拔出魚刺，可避免魚肉鬆散。

2 南蠻醬汁中放入蔬菜混拌

在方型淺盤中放入南蠻醬汁，充分混拌至砂糖溶化。加入洋蔥、紅蘿蔔、青椒，充分混拌至全體沾裹上醬汁。

3 竹筴魚沾裹粉、油炸

平底鍋中放入沙拉油約1cm的高度，加熱至略高的中溫※。竹筴魚撒上適量太白粉後確實拍去多餘的粉，魚皮面朝下地排放至油鍋中。翻面同時油炸約3分鐘。

※180℃。用乾燥的烹調長筷抵住鍋底時，炸油會立刻冒出大量細小氣泡的程度。

4 竹筴魚浸漬南蠻醬汁

取出竹筴魚瀝乾炸油，排放至南蠻醬汁的方型淺盤中，靜置約15分鐘以上使其入味。在冷藏室中冷卻，翌日享用也很美味。

（⅓份量160kcal、鹽分1.4g）

POINT!

剛炸好的竹筴魚立即放入南蠻醬汁非常重要。除了能確實入味之外，竹筴魚的熱度可以使生鮮蔬菜受熱，軟化得恰到好處。

相同醬汁略略加以變化組合！

檸檬南蠻雞胸

清淡的雞胸肉混合了檸檬片，是一道清新爽口的菜餚。

材料（2～3人分）

- 雞胸肉（去皮）……1片（約200g）
- 洋蔥……½個
- 檸檬（日本國產）圓切薄片……½個
- 南蠻醬汁（參照右頁）……全量
- 鹽　沙拉油　太白粉

製作方法

❶ 洋蔥縱向切成薄片。紅辣椒去蒂去籽，切成小圓圈狀，撒上少許鹽。

❷ 參照上述步驟**2～4**，相同地製作。差別在於南蠻醬汁的材料充分混拌後，加入的是洋蔥和檸檬。另外，雞胸肉也要不時地翻面，約炸3分30秒左右。

（1人份137kcal、鹽分1.3g）

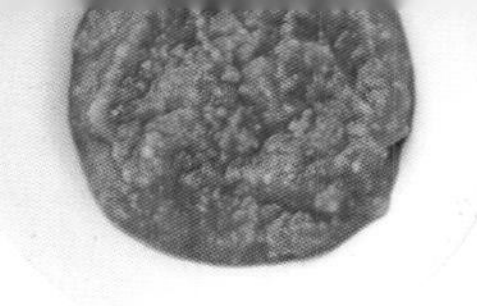

味噌醃醬的黃金比率

味噌雞肉

噴香的香煎味噌風味，非常下飯！
雞腿肉不切開直接厚厚的煎，
更能品嚐出美味多汁的口感。

材料（2人分）

雞腿肉（大）⋯⋯⋯⋯1片（約350g）
<味噌醃醬>
- 味噌⋯⋯⋯⋯⋯⋯⋯⋯⋯⋯3大匙
- 味醂⋯⋯⋯⋯⋯⋯⋯⋯⋯⋯1大匙

獅子唐椒⋯⋯⋯⋯⋯⋯⋯⋯⋯⋯6根
沙拉油

準備工作

- 除去雞肉多餘的脂肪。
- 混合味噌醃醬的材料。

這個醃醬是什麼樣的味道？

用味醂溶化稀釋味噌，形成容易塗抹的醬汁，有著優雅的甜味。味醂中所含的酒精成分，具有消除魚腥味的效果。

其他可以應用的料理

最推薦的是炸豬排用的里脊肉。味噌的保濕效果，可以讓厚切肉片也能香煎出美味多汁的成品。即使冷了也很美味，是很適合便當的料理。

1 醬料塗抹在雞腿上

攤開裁切成30×40cm的保鮮膜。舀取½份量的味噌醃醬至保鮮膜上，攤開成雞肉的大小。擺放雞肉，用其餘的醬汁刷塗在全體表面。

2 在冷藏室浸漬一夜

1的雞肉用保鮮膜緊緊包覆，放入方型淺盤中。靜置於冷藏室一夜，使醃醬能入味（不立即使用時，可以在這個時間點放入冷凍保存）。

3 刮去醃醬，油煎獅子唐椒

取出雞肉，大略除去醃醬。若醃醬凝結在肉片凹陷處，會很容易煎焦，務必注意。獅子唐椒上劃出1道切紋。平底鍋中放入½大匙沙拉油以中火加熱，獅子唐椒迅速煎上色後取出。

4 燜煎雞肉

轉為略小的中火，雞皮面朝下地放入鍋中。使煎出的色澤均勻地邊按壓邊煎約2～2分30秒。翻面蓋上鍋蓋，用小火再燜煎約6分鐘。取出放至砧板上，靜置3～4分鐘，分切盛盤。搭配獅子唐椒。

（1人份417kcal、鹽分1.7g）

POINT!

容易燒焦的味噌醃醬，烘煎方法很重要。雞皮表面煎至黃金呈色，翻面後務必要轉為小火，緩慢地使雞肉完全熟透。

相同醬汁略略加以變化組合！

西京燒鰆魚

味噌改為白味噌，就成為適合搭配清淡魚肉的醃醬了。

材料（2人分）

鰆魚（若無也可以用新鮮鮭魚或新鮮鱈魚等）魚片……2片（約200g）
味噌醃醬（參照右頁※）……全量
青紫蘇葉、糖醋醃薑（若有的話）……各適量
鹽　沙拉油

※味噌用白味噌代替。

製作方法

❶ 鰆魚兩面撒上¼小匙鹽，靜置5分鐘，待釋出水分後用廚房紙巾拭淨。混合味噌醃醬的材料。參照上述步驟**1**～**3**，相同地用味噌醃漬鰆魚（但**1**的步驟改成將味噌攤開成2片魚肉的尺寸，一起包覆）。

❷ 在平底鍋中放入½大匙沙拉油，用略小的中火加熱。放入鰆魚後，烘煎約2分鐘，翻面以極弱的小火煎4～5分鐘。若有的話，用青紫蘇葉舖放在盤中，擺放鰆魚，佐以糖醋醃薑。

（1人份240kcal、鹽分1.1g）

塔塔醬的黃金比率

1個　⅛個

南蠻雞

滋味融合的塔塔醬和酸甜醬汁
真是絕妙的平衡滋味！
請充分沾裹在香酥脆口的麵衣上享用。

材料（**2人分**）

雞胸肉（去皮，大）
　………1片（約300g）

＜塔塔醬＞
- 全熟水煮蛋………1個
- 洋蔥………⅛個
- 美乃滋………3大匙
- 檸檬汁………½小匙
- 鹽………少許
- 胡椒………少許

＜糖醋醬＞
- 醬油、醋、砂糖
　………各1½大匙

蛋液………1個
高麗菜絲………適量
鹽　胡椒　麵粉
沙拉油

準備工作

- 在方型淺盤中放入糖醋醬的材料，混拌至砂糖溶化為止。
- 洋蔥切碎，以水沖洗約5分鐘，以濾網瀝去水分。用廚房紙巾包覆後確實擰乾水分。

這個醃醬是什麼樣的味道？

柔潤的美乃滋和水煮蛋中，帶著隱約酸味就是最經典的風味。用於搭配海鮮時，也可以加入切碎的酸黃瓜。

其他可以應用的料理

搭配牡蠣、竹筴魚等酥炸海鮮時，最適合不過。也能簡單地運用在香煎鮭魚、香煎干貝等。

1 製作塔塔醬

水煮蛋縱向切開蛋白，取出蛋黃。蛋白切成粗粒放入缽盆中，蛋黃粗略搗碎加入。混入其餘的塔塔醬材料，粗略混拌。

2 切開雞肉，篩上粉類

雞肉縱向放置在砧板上，縱向對半處刀子放平，側向劃入，朝外將厚度剖開。雞肉轉向，另一側也同樣剖開（對向開法）。撒上少許的鹽、胡椒，全體篩上麵粉。

POINT!

整塊雞胸肉油炸時，將雞肉均勻厚度的步驟絕對必要！可以將油炸時間縮減至最小限度，也因此能做出多汁美味的成品。

3 沾裹雞蛋後油炸

在平底鍋中倒入高約2cm的沙拉油，加熱成略低的中溫※。蛋液放在另一個方型淺盤中，放入雞肉使全體沾裹蛋液。雞肉攤平放入油炸（使用夾子也OK），邊翻面邊油炸約4分鐘。轉為大火再炸1～2分鐘後，瀝去炸油。

※170℃。用乾燥的烹調長筷抵住鍋底時，炸油會立刻冒出大量細小氣泡的程度。

4 沾裹糖醋後完成熬煮

將雞肉放入糖醋醬的方型淺盤內，上下翻面完全沾裹糖醋醬。擺至砧板上，切成方便食用的大小。盤中盛放高麗菜、雞肉，澆淋方型淺盤內剩餘的糖醋醬。搭配塔塔醬享用。

（1人份494kcal、鹽分3.1g）

相同醬汁略略加以變化組合！

酥炸海鮮

使用可以簡單預備的蝦仁和鮭魚就很輕鬆了。加入酸黃瓜增添酸味。

材料（2人分）

- 蝦仁（大）……4隻（約80g）
- 鮭魚片……2片（約200g）
- 塔塔醬（參照右頁）……全量
- 小黃瓜醃漬的酸黃瓜……適量
- 蛋液……1個
- 鹽　胡椒　麵粉　麵包粉
- 沙拉油

製作方法

❶ 蝦仁若有必要，先除去腸泥後清洗，拭去水分。鮭魚1片切成3等分。參照上述步驟**1**，製作塔塔醬。

❷ 蝦仁、鮭魚撒上¼小匙鹽、少許胡椒，依序沾裹麵粉、蛋液、麵包粉。在平底鍋中放入2cm高的沙拉油，以略低的中火加熱※。放入蝦仁、鮭魚，邊翻面邊油炸約3分鐘後，瀝去炸油。盛盤，佐以塔塔醬。

（1人份539kcal、鹽分2.0g）

丼飯醬汁的黃金比率

高湯 量杯 ½ ： 醬油 大匙 2 ： 味醂 大匙 2 ： 砂糖 大匙 1

親子丼

濃稠、鬆軟，雞蛋的「半熟口感」妙不可言！
甜鹹丼飯醬汁與雞腿的美味，
不僅飽足，口感更是滿分。

材料（2人分）

- 雞蛋……3個
- 雞腿肉（小）……1片（約200g）
- 洋蔥……½個（約100g）
- 溫熱米飯……丼飯2碗（約400g）

＜丼飯醬汁＞

- 高湯……½杯
- 醬油……2大匙
- 味醂……2大匙
- 砂糖……1大匙

- 鴨兒芹……適量

準備工作

- 洋蔥縱向薄切。
- 鴨兒芹切去根部後，切成3cm長段。
- 雞肉除去多餘脂肪，切成略小的一口大小。

這個醬汁是什麼樣的味道？

萬用經典的甜鹹醬油味。濃郁的甜鹹風味讓人忍不住扒飯。略多的2人份量，看似會被醬汁淹沒，可依個人喜好做調整。

其他可以應用的料理

雞肉可以用雞絞肉、油豆腐、竹輪等各式食材變化組合。另外，牛丼、豬排丼、滑蛋炸蝦飯等日式丼飯，都能廣泛運用。

1 用醬汁烹煮2人份的食材

直徑約20cm的平底鍋放入醬汁材料混拌，以中火加熱。煮至沸騰後，加入洋蔥、雞肉，不時地翻拌續煮約6分鐘，熄火。

2 分出蛋黃，粗略攪散雞蛋

敲開雞蛋至缽盆中，輕巧地取出一個蛋黃備用。以烹調長筷粗略地攪拌雞蛋5～6次。待蛋白的團狀消失後（照片左），立即停止攪拌。將熱飯盛入丼碗。

POINT!
雞蛋總之就是「不能過度混拌」！餘下可見的蛋白部分，就是烹煮完成時滑順的口感。

3 每一份各別製作滑蛋

平底鍋的雞肉、洋蔥、煮汁各取出½份量（煮汁的½份量大約是4大匙）。其餘的食材和煮汁以中火加熱。煮至沸騰後，澆淋上½份量的蛋液，立刻蓋上鍋蓋，煮30秒至1分鐘。不時地晃動平底鍋，以防止雞蛋沾黏在鍋壁。

4 倒在白飯上澆淋蛋黃

傾斜平底鍋，將食材滑至白飯上（若難以滑出時，可用鍋鏟支撐在食材下推出）。攪散取出備用的蛋黃，澆淋½份量，搭配½份的鴨兒芹。其餘材料也同樣方法完成。

（1人份747kcal、鹽分3.2g）

相同醬汁略略加以變化組合！

豬肉蔥花滑蛋丼

雞肉以外的肉類與滑蛋組合也稱作他人丼。利用豬肉的美味增添享用的口感。

材料（2人分）

- 雞蛋……3個
- 碎豬肉片……150g
- 蔥（含青蔥部分）……1根
- 熱米飯……丼飯2碗（約400g）
- 丼飯醬汁（參照右頁）……全量
- 辣椒粉

製作方法

❶ 蔥斜切成1cm寬幅。
❷ 參照上述步驟，將雞肉替換成豬肉，洋蔥改為蔥段，相同地製作。盛放在丼碗中，撒上少許辣椒粉。

（1人份734kcal、鹽分3.1g）

五目什錦炊飯醬汁的黃金比率

材料（3～4人分）

米……………2杯（約360ml）

＜食材＞

- 雞腿肉（小）……………1片（約200g）
- 牛蒡………⅓根（約60g）
- 紅蘿蔔……⅓根（約50g）
- 新鮮香菇…………………3個
- 蒟蒻（除去澀味後）‥60g

＜五目什錦炊飯醬汁＞

- 醬油……………2大匙
- 酒…………………2大匙
- 味醂……………2大匙
- 鹽…………………¼小匙

鹽

準備工作

- 在炊煮米飯前先洗米，用濾網瀝出。
- 混拌五目什錦炊飯的醬汁。

五目什錦炊飯

雞腿肉的美味、牛蒡、香菇的滋味，完全滲入米飯，好吃透了。是略甜又令人親近熟悉的醬油味。

滷肉湯汁的黃金比率

水 2 量杯 ： 酒 ½ 量杯 ： 醬油 大匙 4 ： 砂糖 大匙 3

1 炙燒豬肉

豬皮脂肪處朝下地排放在平底鍋中。以中火加熱，炙燒約3～4分鐘至呈現金黃色澤。其餘面也各大約煎1～2分鐘，略炙燒出焦色（釋出的脂肪用廚房紙巾擦拭）。

2 烹煮豬肉

將豬肉放入口徑約22cm的厚底鍋中，注入完全覆蓋豬肉的水分。加入薑皮、蔥綠、米，用大火加熱。至沸騰後，除去浮渣，蓋上落蓋再煮約1小時30分鐘（過程中水分若減少則適度補充）。滷肉的柔軟程度取決於此，請務必確實烹煮。

3 熄火放涼

試著用竹籤刺入豬肉，能輕易刺穿時就可以結束烹煮。熄火，以蓋上落蓋的狀態放置30分鐘使其冷卻。

POINT!

若時間充裕，建議可以在冷卻後，置於冷藏室一夜。待脂肪凝固成白色沾黏在落蓋上，就能輕易地除去油脂了。

4 分切豬肉

將豬肉由烹煮湯汁中取出，以流動的水沖洗掉飯粒，一條五花肉切成4塊。烹煮加熱後會收縮，因此切成略大的塊狀。清洗鍋子。

5 以醬油露烹煮

在鍋中放入滷肉湯汁的材料混拌，放入豬肉塊，以中火加熱，待煮至沸騰後蓋上落蓋，以略小的中火煮約40分鐘（過程中上下翻面2～3次）。

6 加入雞蛋煮至收汁

取出落蓋，放入雞蛋，以中火加熱。不時地翻動鍋中材料，熬煮2～3分鐘至略有光澤時，熄火（照片右）。盛盤，適度地澆淋上鍋中的醬汁。可以視喜好搭配黃芥末醬。

（¼份量725kcal、鹽分2.2g）

【大口吃肉的盛宴2】

叉燒肉

用鍋子慢燉的製作方法，能作出美味多汁的叉燒。
添加了蜂蜜讓甜味更濃郁，
隱約中的蒜味讓人食慾大開。

材料（3～4人分）

豬肩里脊肉塊※……400g
大蒜……4瓣

※全體帶有脂肪層（脂肪）的肩里脊肉，約5～6cm的厚度是最佳狀態。厚度更薄或更厚時，請調整烹煮時間。

<滷肉湯汁>
- 水……2½杯
- 醬油……5大匙
- 蜂蜜……2大匙
- 砂糖……2大匙

蔥白……1根
沙拉油

準備工作

• 蔥切成5cm的長段，縱向劃入取出中芯，其餘縱向切成細絲，用水沖洗約5分鐘，以濾網瀝乾水分（蔥白細絲）。

叉燒湯汁的黃金比率

水 2½ 量杯 ： 醬油 大匙 5 ： 蜂蜜 大匙 2 ： 砂糖 大匙 2

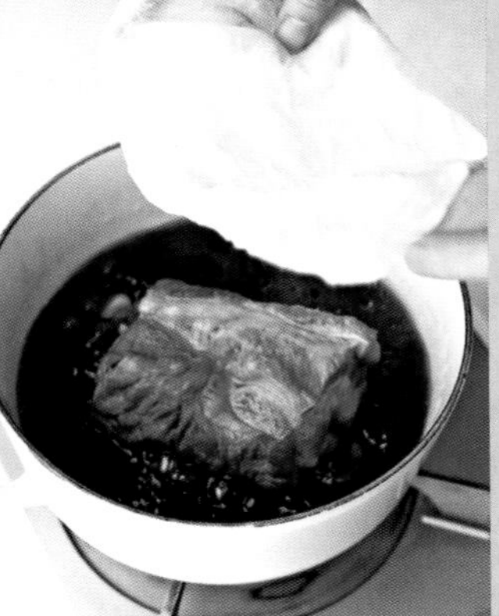

1 炙燒豬肉

在平底鍋中放入1小匙沙拉油，以中火加熱，放入豬肉。邊轉動肉塊邊煎炙約5分鐘至全體呈現煎烤色澤，熄火。

2 蓋上鍋蓋烹煮

在口徑約22cm的厚底鍋中，加入滷肉湯汁材料混拌。放入豬肉、大蒜，以中火加熱。煮至沸騰後，轉小火烹煮約30分鐘，煮至中央完全熟透（過程中上下翻面1～2次）。

3 蓋上落蓋

用厚的（或2張重疊）廚房紙巾濡濕後擰乾，覆蓋在豬肉上。澆淋煮汁至廚房紙巾變色為止。煮汁的高度只到肉塊的½左右，利用廚房紙巾使冒出的醬汁能貼合至肉塊表面，就是烹煮的訣竅。

4 掀去鍋蓋烹煮

廚房紙巾覆蓋在豬肉上，用烹調長筷在豬肉周圍的紙巾上刺出孔洞。以小火狀態，不加鍋蓋地煮約30分鐘（過程中上下翻面1～2次）。

POINT!

從這裡開始都只使用落蓋，使煮汁能恰到好處地收乾。在廚房紙巾上刺出孔洞，是為了防止煮滾時噗嗞噗嗞地浮動。

5 熄火，取出肉塊

至湯汁收乾至豬肉的⅓高度，就完成烹煮。先熄火，將豬肉連同落蓋一起取出。放至肉汁安定，容易分切的狀態為止，直接靜置約15分鐘。

6 煮至收汁

這段時間，用大火加熱鍋子，將剩餘的湯汁熬煮7～8分鐘。待全體產生大氣泡，略呈濃稠時，熄火。豬肉切成薄片盛盤，適度地澆淋煮汁，搭配蔥白細絲。也可依個人喜好搭配其中的大蒜享用。

（¼份量377kcal、鹽分2.3g）

第2章

西式料理的基本黃金比率。

本章介紹從焗烤、歐姆蛋這些經典西式料理，
以至於義大利通心粉、鹹派等時尚系列，陣容堅強！
調味、風味上，也加入鮮奶油、番茄、咖哩粉等各種變化豐富。
但只要決定鹽份的「鹽」，確實測量，
幾乎不會有太大的差異，簡單就能完成。
鹽使用＜1小匙＞來計量，只要多加注意這個即可。

番茄醬汁的黃金比率

雞肉茄汁飯用

材料（2人分）

- 雞胸肉……½片（約120g）
- 洋蔥末……¼個
- 洋菇（罐頭、切片）……40g
- 熱白飯……飯碗2碗（約300g）
- 雞蛋……4個
- 牛奶……1大匙
- 白酒（若無則用酒）1大匙

<番茄醬汁>

- 番茄醬……4大匙
- 奶油……1大匙
- 鹽……¼小匙
- 胡椒……少許

巴西利……適量

鹽　胡椒　沙拉油
奶油　番茄醬

準備工作

- 雞肉切成1cm塊狀，撒上鹽、胡椒各少許。
- 雞蛋充分攪散，以萬用濾網過濾。放入牛奶、鹽、胡椒各少許，混拌。

蛋包飯

散發奶油香氣的鬆軟雞蛋，搭配酸甜滋味的雞肉茄汁飯。忍不住一再想吃的經典美味。

這個醬汁是什麼樣的味道？

用奶油將番茄醬製作成風味柔和的醬汁，但最大的重點在於「用鹽釋放出鹹味」。減少番茄醬的用量，可以防止雞肉茄汁飯變得黏糊水水的。

其他可以應用的料理

雞肉茄汁飯的雞肉若改用鮪魚、臘腸等，會更簡單。若用綜合海鮮來取代，就變身成豪華大餐了。建議也可以製作成焗烤飯。

1 拌炒2人份的食材，調味

平底鍋中放入½大匙的沙拉油，以中火加熱，拌炒雞肉。等變色後加入洋蔥，拌炒約1分30秒炒至軟化。加入洋菇、白酒，迅速拌炒，加入醬汁材料裡的番茄醬、鹽、胡椒。

2 完成雞肉茄汁飯

再拌炒約1分鐘，蒸發多餘的水分。待全體略沾染成帶紅的橙色時，即OK。加入熱白飯、醬汁用奶油，以木杓將米飯切開拌炒。待全體醬汁均勻混拌後，取出。

3 倒入1人份的雞蛋烘煎

在直徑約20cm的平底鍋中放入1大匙奶油，以中火加熱，使油脂均勻遍布鍋底。倒入½蛋液，立刻用烹調長筷大動作混拌。雞蛋邊緣凝固，底部呈半熟狀態時，離火。

POINT!

蛋包飯的雞蛋最重要的就是柔軟！若在半熟狀態下離火，就不需擔心包捲時變硬，也能與雞肉茄汁飯充分融合。

4 放入雞肉茄汁飯，包捲起來

雞肉茄汁飯的½份量，以細長狀態擺放在蛋皮中央。蛋皮推至平底鍋的邊緣，兩端覆蓋在雞肉茄汁飯上。平底鍋翻面，盛盤，用廚房紙巾調整形狀。另外一半也以相同方法製作，適量地澆淋番茄醬，用巴西利裝飾。

（1人份738kcal、鹽分3.9g）

相同醬汁略略加以變化組合！

滑蛋蓋飯

咖啡廳等常可見到的輕簡版。不用包捲就能簡單完成。

材料（2人分）

- 雞胸肉‧½片（約120g）
- 切碎洋蔥……¼個
- 洋菇（罐頭、切片）40g
- 熱白飯‥2碗（約300g）
- 雞蛋……4個
- 牛奶……1大匙
- 白酒（若無則用料理酒）……1大匙
- 番茄醬汁（參照右頁）……全量
- 鹽　胡椒　沙拉油
- 奶油　番茄醬

製作方法

❶ 參照P46～47的準備工作、步驟**1**、**2**，同樣地製作雞肉茄汁飯，擺放在盤中。

❷ 在直徑約20cm的平底鍋中放入1大匙奶油，以中火加熱，使油脂均勻遍布鍋底。倒入½蛋液，立刻用烹調長筷大動作混拌。雞蛋邊緣凝固後，底部呈半熟狀態時，離火。傾斜平底鍋覆蓋在❶上。另外一半也以相同方法製作，澆淋適量的番茄醬。

（1人份738kcal、鹽分3.9g）

白醬的黃金比率

牛奶 2 量杯 : 奶油 大匙3 : 麵粉 大匙3 : 鹽 小匙1/3 : 胡椒 少許

焗烤通心粉

添加大量牛奶，乳霜般醬汁的絕妙美味！
奶油和麵粉的比例是決定濃稠的關鍵，
因此建議不要用量匙，而以秤來精準測量。

材料（2人分）

- 通心粉……60g
- 雞腿肉……½片（約120g）
- 洋蔥……½個
- 洋菇……4個

<白醬>

- 牛奶……2杯
- 奶油……3大匙（36g）
- 麵粉……3大匙（27g）
- 鹽……⅓小匙
- 胡椒……少許

披薩用起司……50g

鹽　胡椒　沙拉油

準備工作

- 牛奶回復室溫。
- 雞肉切成略小的一口大小，撒上鹽、胡椒各少許。
- 洋蔥、洋菇縱向切成薄片。
- 熱水3杯倒入深鍋中，放入鹽1小匙，通心粉依照包裝上的標示時間燙煮。用濾網撈起後，加入1小匙沙拉油拌勻。

這個醬
是什麼樣的味道？

可以感受到香甜牛奶、濃郁奶油的經典滋味。吃不膩，到最後一口都還能美味地享用。一旦減少奶油，會容易結塊，務必多加注意。

其他可以應用的料理

即使是馬鈴薯、菠菜等蔬菜為主的焗烤，都能烘托出醬汁的美味。建議可以澆淋在燙煮好的義大利麵上。

1 拌炒奶油和麵粉

將奶油放入口徑約18cm的鍋，以小火加熱。幾乎融化後，加入麵粉，拌炒約1～2分鐘使麵粉完全融合（使用耐熱的橡皮刮刀會更容易混拌）。待開始產生白色氣泡時，就是麵粉確實受熱的證據。

2 完成醬汁

離火，加入2大匙牛奶。待完全融合後，再次等量加入。重覆這個步驟，加入牛奶½的份量。剩餘的牛奶則一次全部加入混拌，撒上鹽、胡椒。以略小的中火加熱，約煮4～5分鐘至產生濃稠後熄火。

POINT!

不產生結塊最大的訣竅，就是有耐心地少量逐次添加牛奶。並且油糊與牛奶的溫度相近時較容易融合，因此在離火的鍋中，添加回復室溫的牛奶。

3 拌炒食材

平底鍋中加入½大匙的沙拉油，以中火加熱。放入雞肉拌炒約2分鐘，加入洋蔥續炒約2分鐘，放入洋菇迅速拌炒至蔬菜變軟。加入燙煮過的通心粉、白醬混合。

4 用小型烤箱烘烤

將**3**放入耐熱烤皿內，撒上披薩用起司。放入小烤箱，烘烤約10分鐘。
（1人份719kcal、鹽分2.8g）

相同醬汁略略加以變化組合！

鮮蝦焗飯

酸甜的茄汁飯與溫潤白醬是絕妙搭配！

材料（2人分）

＜茄汁飯＞
- 熱白飯……飯碗2碗（約300g）
- 番茄醬……4大匙
- 鹽、胡椒……各少許

蝦仁……120g
洋蔥薄片……¼個
白醬（參照右頁）……全量
披薩用起司……50g
切碎的巴西利……適量
橄欖油

製作方法

❶ 參照P48～P49的準備工作、步驟**1**、**2**，相同地製作白醬。
❷ 平底鍋中倒入橄欖油½大匙，以中火加熱。放入茄汁飯的材料迅速拌炒，盛入耐熱烤皿中。
❸ 平底鍋倒入橄欖油½大匙，以中火加熱。拌炒洋蔥、蝦仁約3～4分鐘，混入白醬，澆淋在❷上。撒上起司以烤箱烘烤約10分鐘，撒上巴西利。
（1人份816kcal、鹽分3.4g）

咖哩醬的黃金比率

印度肉醬咖哩
(keema curry)

利用番茄醬和伍斯特醬
釋出甜味及熟悉親切的滋味。
從開始拌炒，幾乎不到10分鐘就完成
容易作也是魅力之一。

材料（2人分）

混合絞肉……200g
洋蔥……½個
大蒜……½瓣

<咖哩醬>
番茄醬……2大匙
咖哩粉……1大匙
伍斯特醬……1大匙

熱白飯……適量
個人喜好的水煮蛋、酸黃瓜……各適量
沙拉油

準備工作

- 洋蔥、大蒜切碎。

這個醬是什麼樣的味道？

咖哩粉的辣味中帶有番茄醬和伍斯特醬的酸甜。不會太辣，是大人小孩輕易能入口的咖哩風味。

其他可以應用的料理

若用於炒飯或炒麵的調味，辛辣味可以誘發食慾。屬於水分略多的醬，為避免過度沾黏，建議以2～3人份為製作量。

1 拌炒蔬菜、絞肉

平底鍋中倒入沙拉油½大匙，放入大蒜，以中火加熱。待散發香氣後加入洋蔥，拌炒2分鐘至全體變軟變透明。加入絞肉拌炒至變色、變鬆散為止。

2 加入咖哩醬的材料

加入咖哩粉，拌炒約1分鐘。待咖哩粉消失，完全融合即OK。放入番茄醬、伍斯特醬，快速混拌均勻。

POINT!

提引辛香料的香氣，主要是「熱」和「油」。藉由先添加咖哩粉緩慢拌炒，讓油脂將辛香料成分溶入釋出。

3 加入水份，續煮

加入½杯水，使全體融合，不斷混拌地續煮約2分鐘。

4 盛飯，澆淋咖哩

水分減少產生濃稠，用木杓刮開時可見鍋底的狀態，即已完成。在盤中盛入熱白飯，澆淋咖哩，依個人喜好佐以水煮蛋、酸黃瓜。
（1人份639kcal、鹽分1.6g）

相同醬汁略略加以變化組合！

水波蛋的烤咖哩飯

滑順可口的雞蛋和起司，讓印度肉醬咖哩的風味更豐郁！

材料（2人分）

混合絞肉	200g
洋蔥	½個
大蒜	½瓣
咖哩醬（參照右頁）	全量
雞蛋	2個
披薩用起司	70g
熱白飯、切碎的巴西利	各適量
沙拉油	

製作方法

❶ 參照P50～P51的準備工作、步驟，相同地製作印度肉醬咖哩。

❷ 在耐熱烤皿內放入熱白飯，澆淋印度肉醬咖哩。在中央處做出凹槽，輕輕打入雞蛋，周圍撒上披薩用的起司。烤箱預熱3分鐘後，放入烤至起司變成黃金色澤。撒上巴西利碎。

（1人份802kcal、鹽分2.1g）

肉醬的黃金比率

1盒 搭配絞肉

整顆番茄罐頭（400g）	西式高湯粉（顆粒）	鹽	胡椒
1罐	小匙1	小匙1	少許

肉醬義大利麵

西式料理的經典代表，
希望大家務必學會的肉醬。
香味蔬菜避免焦化地仔細拌炒，
提引出自然甜味，就是成功的關鍵。

材料（2人分）

肉醬※

<食材>

- 混合絞肉…………1盒（約350g）
- 洋蔥（大）…………1個
- 紅蘿蔔……………½根
- 大蒜………………1瓣

<調味用>

- 整顆番茄罐頭（400g）…………1罐
- 西式高湯粉（顆粒）、鹽…………各1小匙
- 胡椒……………………少許

紅酒……………………½杯
義大利麵……………160g
橄欖油　鹽

※ 方便製作的份量（約4人份）。冷藏可保存約5～6日，冷凍約可保存4週。

準備工作

- 洋蔥、大蒜切碎。
- 紅蘿蔔削皮縱向切成細條後，再切成碎粒。

這個醬是什麼樣的味道？

番茄罐頭的酸味，帶著香味蔬菜拌炒過的香甜，味道清爽柔和。若是給小朋友吃，也可以加入少量的番茄醬或砂糖。

其他可以應用的料理

通心粉、焗烤、焗飯等，可以廣泛運用。調味很簡單，因此也可以加入辣味，變成墨西哥肉醬飯（Taco Rice）、辣豆醬（Chili Beans）等。

1 拌炒香味蔬菜

平底鍋中倒入橄欖油1大匙，放入大蒜，以中火加熱。散發香氣後，加入洋蔥、紅蘿蔔，拌炒約10分鐘。不要過度翻動，偶而混拌的程度即OK。洋蔥拌炒至變軟、變透明即完成。

POINT!

肉醬的風味基底是拌炒的香味蔬菜。避免燒焦地確實仔細拌炒，就能釋放出其中的甜香美味。雖然10分鐘有點長，但努力絕對值得。

2 加入絞肉，拌炒

加入絞肉，邊攪散邊拌炒2～3分鐘。待香味蔬菜變軟，肉的顏色完全變色即OK。

3 調味、熬煮

放進紅酒，煮滾1～2分鐘揮發酒精。加水¾杯和調味用的材料，以木杓搗碎番茄。煮至沸騰後，轉為較小的中火，不時混拌地不加蓋熬煮約20分鐘。

4 澆淋在義大利麵上

水分減少產生濃稠，用木杓刮開時可見鍋底的狀態，即已完成。在2公升熱水中加入略多於1大匙的鹽，依照指示時間烹煮義大利麵。瀝去水分盛盤，各澆淋¼份量的肉醬。

（1人份625kcal、鹽分3.2g）

相同醬汁略略加以變化組合！

香茄肉醬焗烤

煎後的茄子成為多汁香甜的滋味。與肉醬搭配風味絕佳。

材料（2人分）

- 肉醬（參照右頁）……½份量
- 茄子（大）……3個（約300g）
- 披薩用起司……50g
- 橄欖油

製作方法

❶ 參照P52～P53的準備工作、步驟，相同地製作肉醬。茄子去蒂，斜向切成寬1cm的片狀。以流水浸泡5分鐘後，拭去水分。平底鍋中倒入橄欖油2大匙，用略強的中火加熱，香煎茄片約2分鐘，翻面再煎1分鐘，取出。

❷ 在耐熱烤皿內將茄子和肉醬各以⅓份量交替疊放，撒上披薩用起司。放進預熱好的烤箱，烤約6～7分鐘至呈黃金色澤。

（1人份555kcal、鹽分2.3g）

雞蛋鮮奶油醬汁的黃金比率

蛋黃  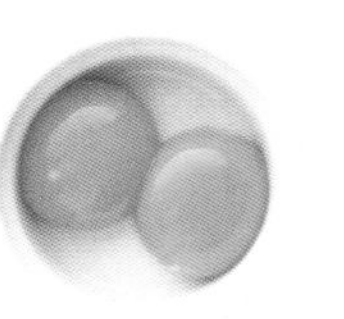 2個 : 鮮奶油  大匙5 : 起司粉  大匙4 : 煮麵湯汁  大匙4

培根蛋麵
(Carbonara)

使用鮮奶油，口感豐富濃郁。拌炒培根的脂肪及鹽分，紮實地融入義大利麵之中。

材料（2人分）

義大利麵……160g
培根……3片
大蒜……1瓣

<雞蛋鮮奶油醬汁>
- 蛋黃……2個
- 鮮奶油……5大匙
- 起司粉……4大匙
- 煮麵湯汁……4大匙

鹽　橄欖油
粗磨黑胡椒

準備工作

- 培根橫向切成寬1cm，大蒜切碎。
- 混合煮麵湯汁以外的雞蛋鮮奶油醬汁材料備用。

這個醬汁是什麼樣的味道？

滑順的蛋黃和鮮奶油、起司粉，極度濃郁豐富的滋味。略略濃稠，能沾裹義大利麵。

其他可以應用的料理

也可以替換變化義大利麵和食材的種類。替換成短型的筆管麵、螺旋麵等，食材改成生火腿、煙燻鮭魚等，更具時尚感。

1 從煮義大利麵開始

煮沸熱水2公升，加入略多於1大匙的鹽。放進義大利麵，依照包裝指示時間開始煮麵。在完成烹煮前，取出4大匙煮麵湯汁留待醬汁使用（煮麵湯汁是醬汁的基底，可以借此產生恰到好處的稠度和鹹味）。

2 炒培根，加入煮麵湯汁

義大利麵燙煮完成前4分鐘，在平底鍋中放入½大匙橄欖油，放入大蒜，以中火加熱。拌炒約1分30秒，散發香氣後加入培根。再繼續拌炒1分30秒，轉為小火，加入煮麵湯汁。迅速混拌，使培根的油脂充分融合。

3 使煮麵湯汁沾裹義大利麵

義大利麵瀝乾湯汁後，加入平底鍋中，使煮麵湯汁能迅速沾裹在麵體上。煮麵湯汁中因融合了培根的脂肪與鹹味，因此義大利麵吸入湯汁可倍增美味。

4 離火，使醬汁沾裹

平底鍋離火，加入雞蛋鮮奶油醬汁。利用餘溫使醬汁溫熱並快速地混拌沾裹至全體，盛盤。適量撒上粗磨黑胡椒。

（1人份748kcal、鹽分2.7g）

POINT!

過度加熱醬汁，雞蛋會因受熱而成碎屑狀，這是最常見的失敗。平底鍋離火，用「溫熱」的狀態使醬汁快速混拌。

相同醬汁略略加以變化組合！

青花菜的鮮奶油蛋汁筆管麵

可以在煮筆管麵時加入青花菜一起燙煮，更簡單方便。

材料（2人分）

- 筆管麵……120g
- 青花菜……½棵（約120g）
- 鮪魚罐頭（70g裝）……1罐
- 蒜末……1瓣
- 雞蛋鮮奶油醬汁（參照右頁）全量
- 鹽　橄欖油

製作方法

❶ 瀝去鮪魚罐頭湯汁。青花菜分切成小株。

❷ 參照P54～55的步驟，培根用鮪魚代替，同樣地製作。筆管麵燙煮完成前3分鐘，加入青花菜燙煮，同時以平底鍋拌炒大蒜。

（1人份645kcal、鹽分2.1g）

蒜香辣椒油的黃金比率

大蒜 2瓣 ： 紅辣椒 1根 ： 煮麵湯汁 ½ 量杯 ： 橄欖油 大匙 4 ： 鹽 小匙 ¼

蒜香辣椒義大利麵
(Peperoncino)

大蒜的香氣令人食慾大振！
正是美味的來源，
因此避免燒焦，仔細確實拌炒釋出風味。

材料（2人分）

義大利麵……200g
<蒜香辣椒油>
- 大蒜……2瓣
- 紅辣椒……1根
- 煮麵湯汁……½杯
- 橄欖油……4大匙
- 鹽……¼小匙

切碎的巴西利……適量
鹽

準備工作

- 大蒜切成粗粒。
- 紅辣椒去蒂去籽，切成薄的圓圈狀。

這個醬汁是什麼樣的味道？

利用切碎的大蒜，將香味提引出最極限、具衝擊性的香氣。依個人喜好地增加油類，可以製作出乳化後更濃稠的醬汁。

其他可以應用的料理

醬汁中煮麵湯汁是必要的，因此建議可以變化替換義大利麵。除了高麗菜之外，青花菜可以與麵一起燙煮，或是混合拌炒菇類。

1 從煮義大利麵開始

煮沸熱水2公升，加入略多於1大匙的鹽。散開地放入義大利麵，依照包裝指示時間略少1分鐘，開始煮麵。在完成烹煮前，取出½杯煮麵湯汁留待之後使用。

2 炒香大蒜，加入煮麵湯汁

義大利麵開始燙煮2分鐘時，在平底鍋中倒入橄欖油、大蒜。用小火加熱，拌炒約3～4分鐘至大蒜呈現淡淡黃色。放進紅辣椒迅速拌炒，加入煮麵湯汁。

3 離火，使其乳化

平底鍋離火（防止大蒜燒焦），使油與煮汁均勻融合地迅速混拌。湯汁變得略呈白色，隱約帶有稠度，就OK。

POINT！

油水均勻混合拌勻的狀態，就稱之為「乳化」。藉由乳化使其成為具有稠度的醬汁，能充分沾裹義大利麵。

4 使醬汁沾裹義大利麵

義大利麵瀝乾湯汁後，加入平底鍋，撒上醬汁用的鹽。用夾子快速地使醬汁能迅速沾裹在麵體上，盛盤。撒上巴西利碎。

（1人份613kcal、鹽分2.8g）

相同醬汁略略加以變化組合！

高麗菜與銀魚的蒜香辣椒義大利麵

高麗菜的清甜與魩仔魚的鹹味是絕佳組合！

材料（2人分）

義大利麵……160g
高麗菜……¼個（約250g）
乾燥魩仔魚……30g
蒜香辣椒油（參照右頁）……全量
鹽

製作方法

❶ 高麗菜切成寬條，再切成一口大小。
❷ 參照P56～57的準備工作、步驟，同樣的製作。在義大利麵燙煮完成前2分鐘，加入高麗菜。另外，在步驟4，將義大利麵連同高麗菜、魩仔魚、鹽一起加入翻拌。

（1人份580kcal、鹽分3.1g）

番茄 : 番茄醬 : 煮麵湯汁 : 奶油

1個 : ½ 量杯 : 大匙 2 : 大匙 1

雙重番茄醬汁的黃金比率

材料（2人分）

義大利麵……160g
青椒……2個
洋蔥……½個
維也納香腸……3根
蒜末……1瓣

<雙重番茄醬汁>
番茄（小）……1個（約120g）
番茄醬……½杯（100g～120g）
煮麵湯汁……2大匙
奶油……1大匙
起司粉、個人喜好的tabasco辣醬®…各適量
鹽　沙拉油

準備工作

- 青椒去蒂縱向對切，去籽。橫向切成寬5mm的薄片。
- 洋蔥縱向切成薄片。
- 香腸斜向切成薄片。
- 醬汁用番茄去蒂，切成1cm的塊狀。

拿坡里義大利麵

添加新鮮番茄的爽口酸味，
不會膩口就是魅力所在。
沾裹煮麵湯汁和奶油，
是醬汁較多、美味濕潤的拿坡里義大利麵！

這個醬汁是什麼樣的味道？

番茄醬的酸甜中添加了新鮮番茄的酸味，是不會過甜又具飽足感的濃稠番茄風味，可依個人喜好減少番茄醬的用量。

其他可以應用的料理

雖然基本上是「拿坡里義大利麵的醬汁」，但義大利麵可以替換成通心麵、筆管麵等。因為是較濃重的味道，因此也可以搭配水煮蛋、滑蛋等使風味更加柔和。

1 燙煮義大利麵

煮沸熱水2公升，加入略多於1大匙的鹽。散開地放入義大利麵，依照包裝指示時間略少1分鐘地煮麵。在完成燙煮前，取出2大匙煮麵湯汁留待醬汁使用。用濾網瀝去湯汁，拌入½大匙沙拉油，可防止麵體相互沾黏。

2 拌炒食材

在平底鍋中放入沙拉油1大匙、大蒜，以中火加熱。待散發香氣後，加入洋蔥拌炒約1分30秒至軟化。加進香腸、青椒，迅速拌炒，推至平底鍋邊，在空出的位置加入醬汁用番茄和番茄醬。

3 烹煮醬汁

只混拌醬汁部分的材料，約煮1分鐘。待醬汁顏色變深，產生大氣泡時，即OK。

POINT!

煮去番茄與番茄醬中多餘的水分非常重要，產生濃稠度才能充分沾裹在義大利麵上。另外，食材與醬汁不一起混拌，才能保持青椒的鮮艷色彩！

4 沾裹至義大利麵

加進燙煮的義大利麵、煮麵湯汁、奶油，上下翻動拌炒。當醬汁沾裹全體食材，熬煮至產生滋滋的聲音時，即可熄火。盛盤，依個人喜好撒上起司粉和辣醬。

（1人份632kcal、鹽分4.1g）

相同醬汁略略加以變化組合！

茄子拿坡里義大利麵

酸甜的番茄醬與茄子非常速配！先煎至金黃多汁備用。

材料（2人分）

- 義大利麵……160g
- 茄子……2個（約160g）
- 培根……3片
- 蒜末……1瓣
- 雙重番茄醬汁（參照右頁）…全量
- 起司粉、切碎的巴西利、tabasco辣醬®……各適量
- 鹽　沙拉油

製作方法

❶ 茄子去蒂，切成1cm寬的圓片。培根切成1cm寬。與上述步驟**1**相同地燙煮義大利麵。

❷ 平底鍋中放入沙拉油1大匙，以中火加熱。排放茄子，香煎兩面。

❸ 平底鍋中補入沙拉油½大匙，加入大蒜、培根，以中火迅速拌炒。同樣將食材推至鍋邊，加入番茄、番茄醬。與步驟**3**、**4**相同作法。完成時撒上巴西利碎。

（1人份675kcal、鹽分4.1g）

鹹派蛋液的黃金比率

3個 ： 量杯 ： 量杯

菠菜培根法式鹹派

鬆軟的雞蛋和香酥的派皮，組合成絕妙美味。
培根塊更是口感百分百滿足。

材料（直徑**22cm**底盤可拆式塔模**1**個）

冷凍派皮（10×18cm）……2片
菠菜……½把（約100g）
培根（塊）……100g
洋蔥……¼個（約50g）
起司粉……3大匙

<鹹派蛋液>
- 雞蛋……3個
- 鮮奶油……½杯
- 牛奶……¼杯
- 鹽……¼小匙
- 胡椒……少許

橄欖油

準備工作

- 菠菜切去根部，再切成4cm長段
- 洋蔥縱向切成薄片。
- 培根切成長4cm、1cm方形長條狀。
- 派皮置於室溫5～10分鐘，半解凍。

這個蛋液是什麼樣的味道？

使用全蛋、鮮奶油，再混拌入牛奶，是不膩的輕爽口感。烘托出食材的原味，可以美味品嚐到最後。

其他可以應用的料理

雖然是鹹派專用蛋液，但食材可以自由變化。培根改為生火腿或煙燻鮭魚，瞬間華麗變身。像是拌炒菇類、燙煮青花菜也是很適合加入的蔬菜。

1 拌炒材料中的蔬菜

平底鍋中倒入橄欖油½大匙，以中火加熱，放入洋蔥拌炒2分鐘。待洋蔥變軟後加入菠菜，再拌炒2分鐘。取出，攤放在方型淺盤上。

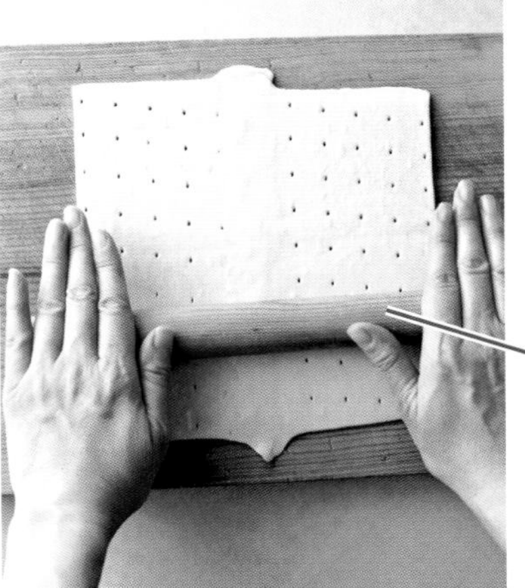

2 擀壓派皮

將派皮2張邊緣重疊1cm放置在砧板上，用手指按壓重疊的部分使其貼合後，用擀麵棍擀壓成26cm的四方形。

POINT!

擀麵棍上下、左右滾動，使派皮厚度均勻。

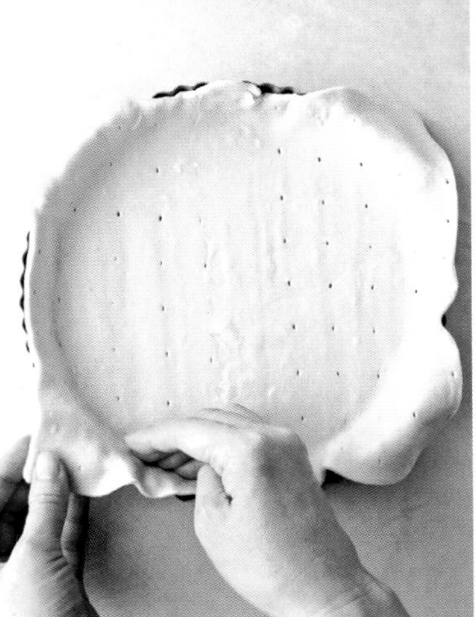

3 派皮入模

將派皮舖在模型上，使派皮略略垂下並用手指按壓至模型內側，使其貼合地舖入模型。超出模型的部分，按壓模型邊緣切下。

4 切下多餘的派皮層疊在邊緣

步驟**3**切下的派皮，層疊在模型邊緣，用手指按壓使其貼合並均勻厚度。以180°C預熱烤箱。

POINT!

層疊在高度不足的部分或較薄的部分。側面增加厚度，更能品嚐出酥脆的口感。

5 將鹹派蛋液倒入模型

在缽盆中打入材料中的雞蛋攪散，加入其餘材料混拌。加入步驟**1**的菠菜、洋蔥、培根、起司粉，倒入步驟**4**的模型中。

6 放入烤箱烘烤

將食材均勻分布，用180°C的烤箱下層烘烤約40分鐘。取出至冷卻架上，降溫。脫模，切方成便食用的大小，盛盤。
（1人份231kcal、鹽分0.8g）

以食材的
黃金比率製作
必定會成功！

肉汁飽滿的漢堡排

切開瞬間肉汁滿溢的漢堡，
是極致的盛宴。
只要嚴守黃金比率的「食材配比」，
無論是誰都不會失敗
必能「哇～」地達到美味境界！
百吃不厭，可以使用一輩子的珍貴食譜。

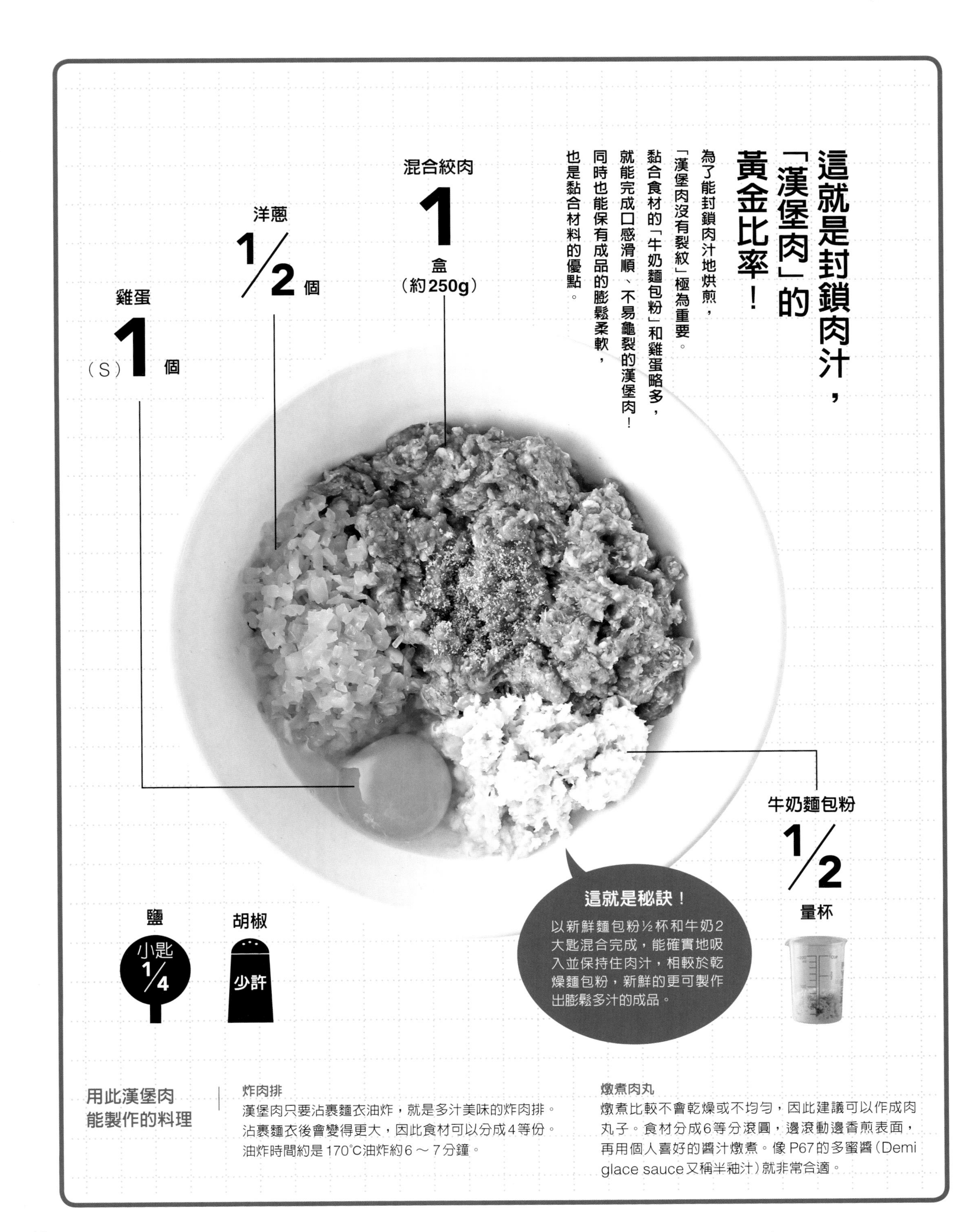
這就是封鎖肉汁，
「漢堡肉」的
黃金比率！
為了能封鎖肉汁地烘煎，
「漢堡肉沒有裂紋」極為重要。
黏合食材的「牛奶麵包粉」和雞蛋略多，
就能完成口感滑順、不易龜裂的漢堡肉！
同時也能保有成品的膨鬆柔軟，
也是黏合材料的優點。
混合絞肉
1
盒
（約250g）
洋蔥
1/2 個
雞蛋
（S）1 個
牛奶麵包粉
1/2
量杯
這就是秘訣！
以新鮮麵包粉½杯和牛奶2大匙混合完成，能確實地吸入並保持住肉汁，相較於乾燥麵包粉，新鮮的更可製作出膨鬆多汁的成品。
鹽
小匙 1/4
胡椒
少許
用此漢堡肉能製作的料理
炸肉排
漢堡肉只要沾裹麵衣油炸，就是多汁美味的炸肉排。
沾裹麵衣後會變得更大，因此食材可以分成4等份。
油炸時間約是170°C油炸約6～7分鐘。
燉煮肉丸
燉煮比較不會乾燥或不均勻，因此建議可以作成肉丸子。食材分成6等分滾圓，邊滾動邊香煎表面，
再用個人喜好的醬汁燉煮。像P67的多蜜醬（Demi glace sauce又稱半釉汁）就非常合適。

最受歡迎的漢堡排，徹底解說！

材料（2人分）

＜漢堡肉材料＞
- 綜合絞肉……1盒（約250g）
- 鹽……¼小匙
- ＜牛奶麵包粉＞
  - 新鮮麵包粉……½杯
  - 牛奶……2大匙
- 洋蔥…½個（約100g）
- 雞蛋（S尺寸）……1個（實際重量40g）
- 胡椒……少許

＜番茄醬汁＞
- 番茄醬、紅酒各3大匙
- 中濃豬排醬……1大匙
- 奶油……10g

個人喜好的蔬菜（青花菜、四季豆等）……適量
沙拉油

準備工作
- 洋蔥切碎。
- 牛奶澆淋在新鮮麵包粉上混拌，放置至使用前（牛奶麵包粉）。
- 將保鮮膜鋪放在20×25cm的方型淺盤上。

[製作不斷揉和具「黏性」的絞肉]

1 拌炒洋蔥

在平底鍋中放入沙拉油½大匙以中火加熱，洋蔥拌炒約3分鐘。拌炒至變軟後取出，降溫。

2 揉和絞肉和鹽

在大的缽盆中放入漢堡肉的絞肉和鹽，用指尖快速地揉和混拌。待揉和成團即OK。

POINT!
只先揉和絞肉和鹽，可以讓絞肉更容易產生黏性。手的熱度會使食材溫熱，也容易造成肉汁的流失，因此這個揉和作業要迅速！

3 均勻混拌食材

在2的缽盆中放入牛奶麵包粉、洋蔥、雞蛋、胡椒。用手抓取揉均勻混合所有材料。

POINT!
為能快速產生黏性，「手的形狀」就是關鍵。在食材混合之前，手掌都是大大地張開以抓握的方式混合。之後在步驟4，就併攏手指轉動，使其產生黏性。

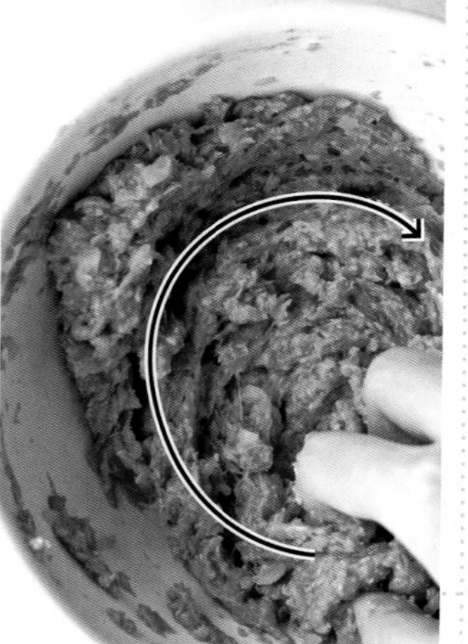

4 圈狀揉和混拌

併攏手指，以畫圓方式將絞肉圈狀混拌，可以看見混拌後的痕跡，以及絞肉纖維般的狀態（照片右）。這就是已充分產生黏性的狀態。

用「燜煎」防止外熟內生

7 用平底鍋烘煎

平底鍋中放入沙拉油½大匙以中火加熱。拉起保鮮膜用手取下漢堡肉，排放在平底鍋內，烘煎2分30秒，煎至金黃色澤後翻面。

8 燜煎

蓋上鍋蓋轉為小火，燜煎6～7分鐘。絞肉會收縮變小，但會膨脹增厚，就是受熱煮熟的證明。取出盛盤。

POINT!

若很擔心內部是否熟，可以用竹籤刺入的方法，看看肉汁是否透明，但這個方法會導致肉汁流失。只要嚴守燜煎的時間和火候，應該就沒有問題。

9 製作醬汁，完成

拭去平底鍋中殘留的油脂，放入醬汁材料以中火加熱，邊混拌邊煮1分鐘使其沸騰，澆淋在漢堡上，依個人喜好搭配燙煮蔬菜。
（1人份538kcal、鹽分2.5g）

裂紋的原因！排出「空氣」整型

5 排出食材的空氣

取絞肉½份量，輕輕整合，用手掌拍打般地排出空氣。大約重覆進行10次左右，就能排出多餘的空氣。

6 整型

絞肉粗略整型成平坦狀，放在舖有保鮮膜的方型淺盤上（有保鮮膜，就能順利拿取）。整型成長14cm的橢圓形，其餘也同樣整型。此時，若絞肉溫度變高，則靜置於冷藏室約30分鐘。

用「新鮮番茄醬汁」製作的
起司夾心漢堡排

濃稠起司流出來的瞬間令人感動！
食材完全包覆起司，整型的作法就是關鍵。

材料（2人分）

P64漢堡肉的食材……全量
起司片（可融化型）……2片
＜新鮮番茄醬汁＞
- 番茄（小）……1個（約100g）
- 番茄醬……2大匙
- 粒狀黃芥末、水……各1小匙
- 鹽……¼小匙
- 胡椒……少許

嫩葉生菜……適量
沙拉油……奶油

準備工作

- 番茄去蒂切成1cm塊狀。
- 起司片對半折斷，再折成3等分。

製作方法

1 製作漢堡肉，包夾起司

參照P64～65的準備工作和步驟**1**～**6**，相同地製作漢堡肉，整型。漢堡肉各以¼份量整型，2個1組排放在方型淺盤上。1片漢堡肉擺上1片起司，拉起另一片漢堡肉的保鮮膜，將起司包夾起來，參考右側說明閉合邊緣，其餘也同樣進行。

2 用平底鍋烘煎，完成

參照P65的步驟**7**、**8**，同樣香煎。兩面各煎2分鐘後，加入水⅓杯，蓋上鍋蓋，以小火燜煎約7分鐘，取出。拭去平底鍋內的水分和油脂，放入奶油10g以中火加熱使其融化，放入番茄拌炒約30秒，加入其餘的醬汁材料。煮至沸騰後，澆淋在漢堡上，搭配嫩葉生菜。

（1人份561kcal、鹽分3.0g）

POINT!

2片漢堡肉夾入起司的作法，即使烘煎也不用擔心起司流出！漢堡肉邊緣用手抓捏一圈使其貼合，接口處輕撫使其平滑，就更完美了。

用「多蜜醬」製作的

燉煮漢堡排

添加大量菇類的豐郁醬汁，讓風味成品更上層樓！
因為採燉煮法，也不用擔心外熟內生。

材料（2人分）

P64漢堡肉的食材⋯⋯全量
鴻喜菇⋯⋯⋯⋯⋯⋯⋯⋯1盒
洋蔥⋯⋯½個（約100g）
＜多蜜醬
Demi glace sauce＞
- 多蜜醬罐頭（300g裝）⋯⋯½罐
- 紅酒⋯⋯⋯⋯⋯⋯¼杯
- 番茄醬⋯⋯⋯⋯⋯1大匙
- 鹽⋯⋯⋯⋯⋯⋯⋯⅓小匙
- 胡椒⋯⋯⋯⋯⋯⋯少許
- 水⋯⋯⋯⋯⋯⋯⋯¾杯

沙拉油

製作方法

1 製作漢堡肉香煎，取出
鴻喜菇切去底部，分成小株。洋蔥縱向切成薄片。參照P64～65的準備工作和步驟**1**～**8**，相同地製作漢堡肉，再香煎。漢堡肉排放在平底鍋香煎2分鐘～2分30秒，翻面煎2分鐘後取出。

2 製作醬汁，燉煮
拭去平底鍋中剩餘的油脂，放入沙拉油½大匙，以中火加熱。洋蔥拌炒2分鐘後，加入鴻喜菇、醬汁材料混拌。煮至沸騰後，放入漢堡肉，蓋上鍋蓋小火煮約10分鐘。揭蓋，再煮約5分鐘收汁。
（1人份543kcal、鹽分3.3g）

用「洋蔥泥醬汁」製作的

日式漢堡排

甜鹹醬油風味中添加了醋，是餘韻爽口的洋蔥醬汁。
吃過後令人欲罷不能的美妙料理！

材料（2人分）

P64漢堡肉的食材⋯⋯全量
＜洋蔥泥醬汁＞
- 洋蔥泥⋯¼個（約50g）
- 醬油、砂糖、酒⋯⋯⋯⋯各1½大匙
- 醋⋯⋯⋯⋯⋯⋯⋯⋯1大匙
- 太白粉⋯⋯⋯⋯⋯¼小匙

黃豆芽⋯⋯⋯⋯⋯⋯⋯1小袋
青紫蘇葉切成細絲⋯適量
沙拉油

製作方法

1 製作漢堡肉，香煎
參照P64～65的準備工作和步驟**1**～**6**，相同地製作漢堡肉，整型。平底鍋中放入少許沙拉油以中火加熱。迅速拌炒豆芽，攤放在預熱過的煎鍋（亦可用盤子）上。參照P65的步驟**7**、**8**，同樣香煎，擺放在豆芽菜上。

2 製作醬汁澆淋
拭去平底鍋內殘留的油脂，放入醬汁用洋蔥泥，以中火加熱。拌炒30秒左右收乾湯汁，加入其餘的醬汁材料。煮至沸騰，略有濃稠後，澆淋在漢堡肉上。撒上青紫蘇細絲。
（1人份498kcal、鹽分3.1g）

第3章

中式與異國料理的基本黃金比率。

像餐館中的蟹肉芙蓉蛋、泰式料理的泰式打拋飯，
只要使用「黃金比率」，就能調味出想像中的滋味。
雖然使用了甜麵醬、黑醋等較少見的調味料，
但能一氣呵成地提升完成度。
最後的韭菜韓式煎餅配方，更是必學。酥脆Q彈絕品口感。

蠔油醬汁的黃金比率

青椒肉絲

美味滿滿的蠔油醬汁，搭配柔軟的牛肉，風味極致！青椒的爽脆口感就是靈魂，嚴禁過度拌炒。

材料（2～3人份）

- 牛腿肉（烤肉用）……150g
- 青椒……5個
- 水煮竹筍……100g
- 薑……1瓣

<蠔油醬汁>

- 蠔油……1大匙
- 醬油……1大匙
- 酒……1大匙

酒　太白粉　鹽　胡椒
沙拉油　芝麻油

準備工作

- 青椒縱向對半分切，去蒂除籽，縱向切成寬5mm。
- 水煮竹筍瀝乾，配合青椒長度切成寬5mm的長條狀。
- 薑削皮後切碎

這個醬汁是什麼樣的味道？

具濃郁滋味的蠔油醬汁，是用醬油整合全體風味，力道十足。濃郁的美味和鹹味，非常下飯。蠔油醬汁的稠度，也能讓食材充分沾裹。

其他可以應用的料理

蠔油萵苣是中式料理的經典，也建議可用在蘆筍、小松菜、青江菜、豆苗等蔬菜的拌炒。

1 切肉，醃漬調味

牛肉切成寬7～8mm的長條狀，放入缽盆中，加入酒、太白粉各2小匙，鹽、胡椒各少許。用手邊揉和，邊使調味料和太白粉、牛肉確實混合。混拌蠔油醬的材料。

POINT!

瘦的牛肉，直接拌炒容易乾柴。利用太白粉在牛肉外層形成保護，閉鎖肉汁，即使拌炒也能炒出柔軟多汁的美味。

2 拌炒牛肉

平底鍋中加入沙拉油1大匙，以中火加熱。放進牛肉，邊攪散邊拌炒1～2分鐘。拌炒至牛肉變色。

3 蔬菜，加入醬汁

加進青椒、竹筍、薑，大火拌炒。大動作混拌至全體過油，拌炒約2分鐘(在此青椒不用全熟，仍是硬脆狀態就OK)。圈狀倒入醬汁。

4 沾裹醬汁

使醬汁沾裹至全體地迅速拌炒約30秒。加入少許芝麻油，混拌熄火。
(⅓份量196kcal、鹽分1.7g)

相同醬汁略略加以變化組合！

蠔油炒牛肉青花菜

青花菜切成小株較能充分沾裹醬汁，飽足感十足。

材料(2～3人份)

碎牛肉……150g
青花菜(小)……1顆(約200g)
蔥……1根
蠔油醬汁(參照右頁)……全量
鹽　酒　太白粉　胡椒
沙拉油　芝麻油

製作方法

❶ 青花菜分成小株，剝除粗莖的外皮，切成7～8mm的圓片。用添加少許鹽的熱水燙煮約2分鐘，以濾網撈出瀝乾水分。蔥斜切成薄片。

❷ 參照上述的製作方法，相同製作。步驟**1**的肉類不分切先醃漬，在步驟**3**時添加青花菜、蔥，拌炒1分鐘。

(⅓份量243kcal、鹽分1.7g)

麻婆豆腐

深度美味、後韻十足的道地風味！
中式甜味噌「甜麵醬」就是味道的關鍵。
連同豆瓣醬一起充分拌炒，釋出香味。

材料（2人分）

木綿豆腐……1塊（約300g）
豬絞肉……120g
粗粒蔥花……⅓根
薑末……½瓣
大蒜末……½瓣

＜麻婆醬＞
中式高湯※……¾杯
甜麵醬（參照 P9）……1大匙
醬油……1大匙
豆瓣醬……1小匙

＜太白粉水＞
太白粉……1小匙
水……2小匙
花椒粉（可用山椒粉替代）……適量
沙拉油

※熱水¾杯中加入雞高湯素（顆粒）1小匙。

這個醬汁是什麼樣的味道？

芝麻醬特有的濃厚滋味，再添加酸甜。帶有甜味，因此醋的味道不會太明顯，是很好入口的芝麻風味。

其他可以應用的料理

可以澆淋在燙煮的豆芽菜、敲碎的小黃瓜等蔬菜類的小菜，也能作用涮薄切豬肉片的蘸醬，或作為中式涼麵的醬汁。

1 燙煮雞胸肉

在口徑約18cm的鍋中放入雞肉、蔥綠、薑皮，倒入2½杯的水。中火加熱，至熱水表面噗嗞噗嗞冒出氣泡為止（約10分鐘）。

2 熄火，靜置

立刻將雞肉上下翻面，再煮約10秒鐘熄火。確認雞胸肉中間變白，觸摸時略為柔軟的程度，就是最佳燙煮狀態。蓋上鍋蓋，靜置約15分鐘。

POINT!

嚴禁過度燙煮。會使雞肉變得乾柴。利用餘溫使其受熱，就能做出柔軟多汁的煮雞胸肉。即使沒有立即使用，也要在15分鐘後取出。

3 分切蔬菜和雞胸肉

番茄切成半月形薄片，小黃瓜切成5cm長細絲。芝麻醬汁用的蔥白切成粗粒狀，薑去皮切成薑末。雞胸肉由湯汁中取出，略略瀝去水分後，切成5mm寬幅的片狀。

4 盛盤

在盤中盛放番茄片、小黃瓜絲、雞胸肉片，在芝麻醬汁的調味料中加入蔥白、薑末，粗略混拌。澆淋在雞胸肉片上，適度地淋上辣油。

（⅓份量206kcal、鹽分1.4g）

相同醬汁略略加以變化組合！

冷涮豬肉片的芝麻醬沙拉

濃郁的醬汁與涮豬肉片和萵苣混拌，是很下飯的沙拉料理。

材料（2～3人份）

- 豬肉（涮涮鍋用）……150g
- 紅葉萵苣……60g
- 紫洋蔥（可以洋蔥替代）……¼顆
- 芝麻醬汁（參照右頁）……全量
- 紅辣椒絲（可省）……適量
- 鹽

製作方法

❶ 紅葉萵苣撕成一口大小，紫洋蔥縱向切成薄片。都沖泡冷水，瀝去水分。

❷ 在大量的熱水中放入少許鹽。放入豬肉片，邊攪散豬肉片邊用較小的中火迅速汆燙，用濾網撈起瀝放涼。在盤中盛放❶的蔬菜，擺放豬肉片。將蔥白薑末放入芝麻調味料中，粗略混拌。澆淋在豬肉上，若有的話擺放紅辣椒絲。

（⅓份量171kcal、鹽分0.9g）

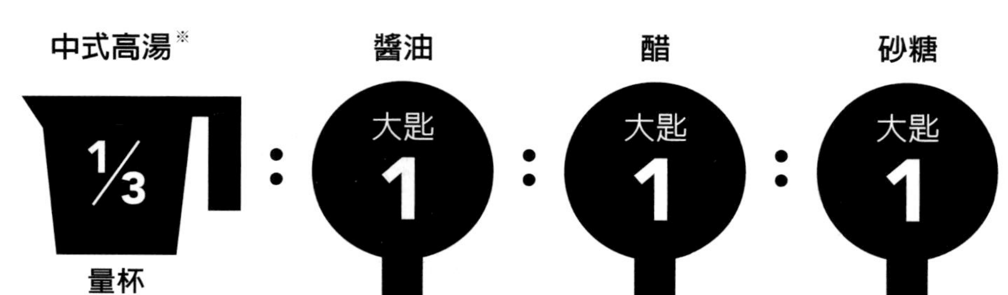

酸甜醬汁的黃金比率

蟹肉芙蓉蛋

鬆軟、滑順的半熟蛋，
雞蛋的口感堪稱絕品！
連同酸甜芡汁，
盛放在白飯上也好好吃。

材料（2人分）

雞蛋……4個
蟹味棒（蟹味強且質地較厚的）……100g
蔥……½根

<酸甜醬汁>
- 中式高湯※……⅓杯
- 醬油……1大匙
- 醋……1大匙
- 砂糖……1大匙

<太白粉水>
- 太白粉……1小匙
- 水……2小匙

蔥白……5cm
鹽　沙拉油　芝麻油

準備工作

- 雞蛋打入缽盆中攪散，混拌鹽¼小匙。
- 剝散蟹味棒。
- 蔥斜切成薄片。
- 混拌太白粉水的材料。
- 蔥白的部分縱向切開，攤平再切成細絲。沖泡水後瀝乾水分（蔥白細絲）。

※熱水¾杯中加入雞高湯素（顆粒）1小匙。

這個醬汁是什麼樣的味道？

美味中帶著甜，而且易於入口的甜醋滋味，雞骨高湯為基底就是重點。以酸味而言，黑醋醬汁（P84）會更柔和，風味也更深刻。

其他可以應用的料理

作成濃稠的「勾芡」狀態，若加入的是炸豬肉和蔬菜，就是糖醋肉。另外，搭配酥炸雞肉或白肉魚，也非常好吃。

1 拌炒食材，混拌至蛋液中

在直徑約20cm的平底鍋中放入沙拉油½大匙，以中火加熱。加進蔥、蟹味棒，拌炒1～2分鐘至變軟，放入蛋液中混拌。

2 倒入蛋液，開始烘煎

粗略拭淨**1**的平底鍋，加入沙拉油2大匙，用略強的中火充分加熱。倒入蛋液，由外側比較快熟的邊緣朝內側大動作緩慢混拌。待全體呈現半熟狀態時，推壓邊緣調整成圓形。

POINT!

在略多的油且較高的溫度中倒入蛋液，是「膨鬆柔軟」的秘訣！蛋液倒入的瞬間，邊緣開始會鬆軟膨脹起來，就是適溫的證明。

3 雞蛋翻面後，再放回鍋中

在平底鍋上覆蓋比鍋面大一圈的盤子，連同平底鍋倒扣，蛋餅倒扣至盤中。維持相同形狀再滑回鍋中，整形再烘煎30秒。倒扣鍋子盛盤。

4 製作糖醋芡汁，澆淋在蛋餅上

將**3**的平底鍋大略拭淨，倒入糖醋醬汁的材料，以中火加熱。煮至沸騰後，火候轉弱，維持噗嗞噗嗞的狀態。再次攪拌太白粉水，以中火加熱，倒入太白粉水迅速混拌。待全體產生濃稠後，加入少許芝麻油，澆淋在蛋餅上，擺放蔥白細絲。

（1人份369kcal、鹽分3.3g）

相同醬汁略略加以變化組合！

糖醋肉丸子

沾裹在香濃的豬肉丸外層也很美味！豬肉丸用少量的油煎炸。

材料（2人分）

<肉丸食材>
- 豬絞肉……250g
- 蔥花……½根
- 太白粉……1大匙
- 蛋液……1個
- 鹽……¼小匙

- 糖醋醬汁（參照右頁）……全量
- 太白粉水（參照右頁）……全量
- 炒香白芝麻……適量
- 沙拉油　芝麻油

製作方法

❶ 肉丸材料混拌後分成10等分，邊排出空氣邊滾圓。在直徑20cm的平底鍋中放入3大匙沙拉油，以較弱的中火加熱約30秒。在鍋內排放肉丸，邊滾動邊煎炸約6分鐘，瀝乾炸油。

❷ 拭去平底鍋的炸油，參照上述步驟**4**，製作糖醋醬汁。將肉丸再次放回鍋中沾裹醬汁後，盛盤。撒上白芝麻。

（1人份399kcal、鹽分2.0g）

乾燒明蝦醬的黃金比率

乾燒蝦仁

蝦仁鮮脆地完成，就是美味的關鍵。迅速拌炒後先取出，最後再放入就不會過硬。

材料（2人分）

鮮蝦（帶殼）12隻（約250g）
蔥……1/3根
薑、大蒜…各1/2瓣

＜乾燒明蝦醬＞
- 中式高湯※ 1/2杯
- 番茄醬…4大匙
- 砂糖……1大匙
- 豆瓣醬…1小匙

＜太白粉水＞
- 太白粉…1小匙
- 水……2小匙

太白粉　鹽　酒
沙拉油　芝麻油

準備工作

- 蔥切成細蔥末。
- 薑、大蒜切碎。
- 除了豆瓣醬之外，混合乾燒明蝦醬的其餘材料。
- 混拌太白粉水。

※熱水1/2杯加入雞高湯素（顆粒）1小匙溶化而成。

這個醬汁是什麼樣的味道？
酸甜中混合了中式高湯的美味，紮實且風味十足。不擅長辣味時，可以減少豆瓣醬至½小匙來調整。

其他可以應用的料理
建議魷魚、綜合海鮮等魚貝類、油豆腐都可以作為主角。另外，澆淋在以較多油高溫烘煎的鬆軟蛋餅上，也非常美味。

1 鮮蝦的準備工作

剝除鮮蝦的蝦殼，在蝦背上淺淺劃切取出腸泥。放入缽盆中，撒入1大匙太白粉，揉搓至液體顏色略略轉黑，用流動的水沖洗後拭乾水分（消除腥味）。撒入鹽少許，酒、太白粉、沙拉油各½大匙，充分揉和，醃漬調味。

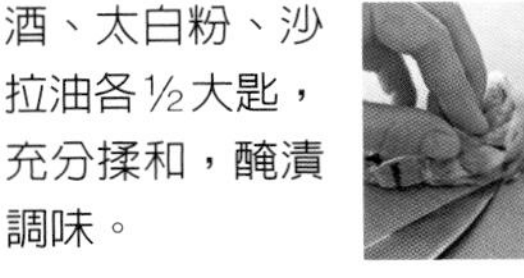

2 拌炒蝦仁，取出

平底鍋中加入沙拉油½大匙中火加熱，排放鮮蝦。香煎約1分鐘左右，待變色後翻面，再煎約1分鐘。接著拌炒約30秒，先取出備用。

3 拌炒香味蔬菜

粗略擦拭平底鍋後，倒入沙拉油½大匙。放進薑、蒜以中火加熱，待香氣散發後再拌炒1分鐘左右。加入豆瓣醬，拌炒約10秒至鍋內的油變成紅色，散發香氣。

POINT!
豆瓣醬與油充分融合，散發香氣和辣味，就是重點。當油變成紅色，就是完全融合的證明。

4 將蝦仁加入醬汁中

加入乾燒明蝦醬，邊混拌邊煮至沸騰，約30秒。再次混拌太白粉水，少量逐次地加入勾芡。鮮蝦放回鍋中，加入蔥花迅速混拌。淋上少許芝麻油，混拌完成。
（1人份222kcal、鹽分2.6g）

相同醬汁略略加以變化組合！

乾燒明蝦醬炒雞胸

清淡的雞胸肉，與乾燒明蝦醬也是好搭檔。雞胸肉會變硬，必須注意避免煎過度。

材料（2人分）

雞胸肉（去皮、小）⋯1片（約200g）
蔥⋯⅓根
薑、大蒜⋯各½瓣
乾燒明蝦醬（參照右頁）⋯全量
＜太白粉水＞
- 太白粉⋯1小匙
- 水⋯2小匙

可依個人喜好搭配萵苣⋯適量
鹽　酒　太白粉　沙拉油　芝麻油

製作方法

❶ 雞胸肉斜向片切成厚1.5cm的一口大小。撒上鹽¼小匙、酒、太白粉、沙拉油各½大匙，充分揉和醃漬入味。
❷ 參照P80～81的準備工作、步驟**2**～**4**，用雞胸肉取代鮮蝦，相同作法。步驟**2**的香煎時間，單面各改為1分30秒。盛盤，可搭配上萵苣葉。
（1人份265kcal、鹽分3.0g）

糖醋蔥醬的黃金比率

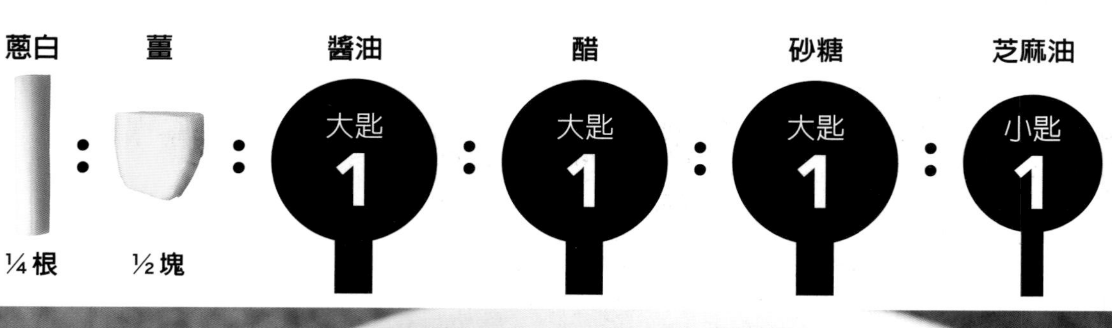

油淋雞

雞腿肉整支油炸後，肉汁滿滿！
與切成細末的蔥薑混拌
糖醋般的醬汁，無與倫比。

材料（2人分）

雞腿肉（大）⋯⋯⋯⋯1隻
（約300g）
＜糖醋蔥醬＞
- 蔥⋯⋯⋯⋯⋯⋯⋯⋯⋯¼根
- 薑⋯⋯⋯⋯⋯⋯⋯⋯⋯½塊
- 醬油⋯⋯⋯⋯⋯⋯1大匙
- 醋⋯⋯⋯⋯⋯⋯⋯⋯1大匙
- 砂糖⋯⋯⋯⋯⋯⋯1大匙
- 芝麻油⋯⋯⋯⋯⋯1小匙

萵苣絲⋯⋯⋯⋯⋯⋯⋯適量
酒　鹽　太白粉
沙拉油

準備工作

- 薑去皮，與蔥一起切碎。混拌糖醋蔥醬的調味料，加入蔥薑末，粗略混拌。

這個醬是什麼樣的味道？

甜味十足且酸味柔和，無論大人或小孩都喜歡的糖醋味。喜歡清爽口味，建議砂糖可以改成1小匙。

其他可以應用的料理

用途廣泛，能讓炸物清爽可口的萬用醬料。搭配蒸雞肉、白灼豬肉等都非常速配。也能澆淋在番茄、小黃瓜、豆腐等沙拉上。

1 片切雞腿，均勻厚度

切去雞腿肉多餘的脂肪，刀橫向片入腿肉較厚的部分，切開均勻厚度。容易充分受熱，整片雞肉油炸時，可以確實炸至中央熟透。

2 醃漬雞肉調味，篩上太白粉

雞肉放入方型淺盤中，撒入酒2大匙、鹽¼小匙。充分搓揉全體醃漬，靜置於室溫中約15分鐘（置於室溫中，可以在油炸時，更容易炸至中央熟透）。瀝去肉汁，拉平雞皮，沾裹上大量太白粉。

3 雞皮面朝下放入炸油

平底鍋中放入沙拉油約2cm高，用略低的中火※加熱。雞皮表面朝下輕輕放入炸油中，不需翻動地直接炸約3分鐘。

※170℃。用乾燥的烹調長筷抵住鍋底時，炸油會立刻冒出大量細小氣泡的程度。

4 翻面油炸，完成

當麵衣固定，呈現淡淡金黃色澤時翻面（照片右）。不時地翻面約炸3分鐘，最後用大火炸1分鐘使成品能香脆，瀝去炸油。盤中鋪放萵苣絲，雞腿肉切成方便食用大小擺盤，澆淋醬汁。

（1人份446kcal、鹽分2.2g）

POINT！

油淋雞的魅力，就在於香脆的麵衣。在麵衣尚未固定時，用烹調長筷碰觸或翻面，會造成麵衣的脫落，務必注意。

相同醬汁略略加以變化組合！

一口油淋雞

若將雞腿肉切成小塊，可以縮短油炸時間。搭配番茄清爽可口。

材料（2人分）

- 雞腿肉（大）⋯⋯⋯1片（約300g）
- 小番茄⋯⋯⋯6個
- 蔥絲⋯⋯⋯適量
- 糖醋蔥醬（參照右頁）⋯⋯⋯全量
- 酒　鹽　太白粉　沙拉油

製作方法

❶ 小番茄去蒂對半分切。蔥絲沖水待脆口後瀝乾水分。雞腿肉切去多餘脂肪，切成10等分。

❷ 參照P82～83的準備工作、步驟**2**～**4**。雞皮表面朝下放入油中，不時地翻面約炸4分鐘，再用大火炸約1分鐘。連同番茄一起盛盤，澆淋醬汁佐以蔥絲。

（1人份458kcal、鹽分2.2g）

黑醋醬的黃金比率

水 大匙5 : 黑醋 大匙3 : 砂糖 大匙3 : 醬油 大匙2

黑醋糖醋豬肉

香酥炸豬排，
沾裹濃稠的糖醋芡汁風味絕佳！
蔬菜油炸後呈現鮮艷的色彩。

材料（2人分）

豬里脊肉（炸豬排用、大）
…………2片（約250g）
紅甜椒……½個（約70g）
洋蔥……½個（約100g）
蛋液……………………½個

＜黑醋醬＞
- 水……………………5大匙
- 黑醋（參照 P9）…3大匙
- 砂糖………………3大匙
- 醬油………………2大匙

酒　鹽　太白粉　沙拉油

準備工作

- 豬肉切成2～3cm的方塊，放入缽盆中，加入酒½大匙、鹽¼小匙、蛋液，揉和。直接靜置於室溫中醃漬約15分鐘。
- 紅甜椒去蒂去籽，連同洋蔥切成2～3cm的方塊狀。
- 太白粉½大匙、水1大匙混拌，製作太白粉水。

這個醬汁是什麼樣的味道？

蠔油醬汁的濃郁風味，以雞高湯添加鹹味，是讓麵或飯到最後一口都美味的強力要素。

其他可以應用的料理

即使減少食材，簡單地製作也一樣美味。絞肉×馬鈴薯、碎牛肉×青菜也十分好吃。此外，炒飯澆淋這樣的芡汁，也能更豐富並提升美味。

1 用微波爐加熱中式麵條

中式麵條由袋中取出排放至耐熱烤皿中，鬆鬆地覆蓋保鮮膜。微波加熱約2分鐘，以烹調長筷粗略攪散。

POINT!

中式麵條表面沾裹了油脂，但冷卻時是凝固狀態。利用微波溫熱使油脂融化，就能輕易打鬆攪散。

2 煎炸中式麵條

平底鍋中放入沙拉油1大匙，以中火加熱，中式麵條各別整形成圓餅狀放入鍋中。用鍋鏟時不時按壓，煎3～4分鐘。待麵條固定煎成金黃色時，翻面。補入沙拉油½大匙，再煎1～2分鐘盛盤。

3 拌炒勾芡的食材

各別混拌蠔油醬汁、太白粉水的材料。平底鍋中加入1大匙沙拉油，以中火加熱。豬肉拌炒約1分鐘30秒，加入小松菜莖、紅蘿蔔、香菇，再拌炒約1分鐘30秒。加入小松菜葉、水煮鵪鶉蛋，拌炒約1分鐘，加入蠔油醬汁。

4 完成芡汁，澆淋在麵上

醬汁煮至沸騰後，再次攪拌太白粉水，少量逐次地加入。立刻混拌至全體產生濃稠，圈狀加入少許芝麻油。澆淋在**2**的麵體上，佐以黃芥末醬。

（1人份714kcal、鹽分3.9g）

相同醬汁略略加以變化組合！

鮮蝦白菜的中華丼

Q彈鮮蝦和木耳，充滿不同口感樂趣。

材料（2人分）

- 鮮蝦（帶殼、小）……10隻
- 白菜……200g
- 木耳（乾燥，泡水還原）……5g
- 熱白飯……丼飯2碗（約400g）
- 蠔油醬汁（參照右頁）……全量
- <太白粉水>
  - 太白粉……1½大匙
  - 水……2大匙
- 太白粉　酒　鹽　胡椒　沙拉油　芝麻油

製作方法

❶ 鮮蝦剝殼後，開背取出腸泥。用水3大匙、太白粉1小匙揉搓後，用流水沖洗再拭乾水分。參照P88的準備工作，醃漬調味。白菜分開芯和葉，白菜芯切成一口大小，葉片粗略分切。

❷ 參照上述步驟**3**、**4**，同樣製作芡汁。在步驟**3**迅速拌炒鮮蝦，加入白菜芯、木耳拌炒約1分30秒，放入白菜葉迅速拌炒。在步驟**4**醬汁煮至沸騰後，再續煮約2分鐘使其濃稠，在盤中盛放熱白飯，淋上享用。

（1人份534kcal、鹽分3.2g）

拌炒用

燒肉醬汁的黃金比率

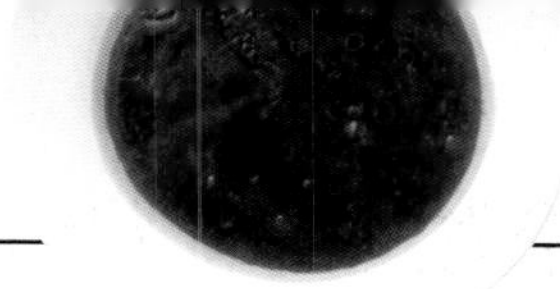

洋蔥泥	蒜泥	醬油	砂糖	芝麻油	韓式辣醬
⅛個	½瓣	小匙4	小匙4	小匙3	小匙1

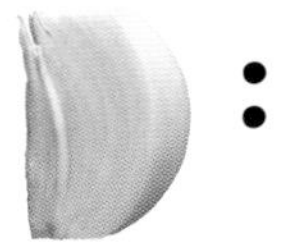
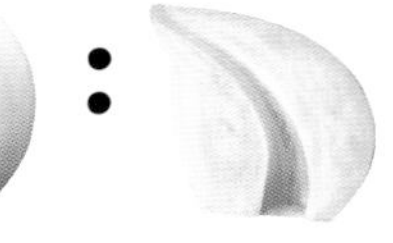

韓式拌飯

蒜味十足的甜鹹燒肉引人食慾！
拌菜是3種蔬菜綜合，
可以用微波爐簡單完成。

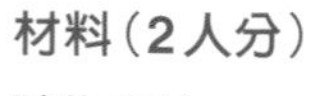

材料（2人分）

碎牛肉片……150g

＜燒肉醬汁＞

- 洋蔥泥……⅛個
- 蒜泥……½瓣
- 醬油……4小匙
- 砂糖……4小匙
- 芝麻油……3小匙
- 韓式辣醬……1小匙

豆芽菜…½袋（約100g）
菠菜……½把（約100g）
紅蘿蔔……¼根（約40g）
白菜辛奇……50～80g
熱白飯……丼飯2碗（約400g）
蛋黃……2個
炒香白芝麻……½大匙
芝麻油　鹽　胡椒

這個醬汁是什麼樣的味道？

以洋蔥泥為基底的濃厚甜鹹醬油味，加熱時就會散發出甜且美妙的滋味，大蒜風味也是肉類的最佳搭檔。

其他可以應用的料理

揉和至豬五花、雞腿醃漬拌炒也很好吃，或是沾裹煎豆腐、油豆腐等，也十分美味。

1 用微波爐加熱蔬菜

菠菜切去根部，切成5cm長段。紅蘿蔔削皮，縱向切成細絲。在口徑20cm的耐熱缽盆中，依序放入紅蘿蔔、豆芽菜、菠菜，鬆鬆地覆蓋保鮮膜。以微波爐加熱3分鐘～3分30秒。

2 完成韓式拌菜

將**1**的蔬菜用濾網瀝出（注意不要燙傷），待可觸摸的溫度時，按壓濾網確實擰乾水分。在缽盆中放入芝麻油1½大匙、鹽⅓小匙、胡椒少許和白芝麻混拌，蔬菜放回缽盆中用手抓拌。

POINT!

微波加熱後，蔬菜會釋出相當多的水分。為避免滋味變淡，請確實擰乾水分。以手抓拌使味道均勻。

3 用醬汁揉和醃漬牛肉

在另外的缽盆中放入燒肉醬汁的材料，混拌至砂糖溶化為止。放進牛肉，用手充分抓拌至牛肉完全吸收醬汁為止。

4 拌炒牛肉，盛盤

平底鍋中放入芝麻油½大匙，以中火加熱。步驟**3**的牛肉連同醬汁倒入鍋中，邊攪散邊拌炒至牛肉變色，拌炒至略殘留醬汁的程度，熄火（照片右）。在盤中盛入熱米飯，擺放韓式拌菜、辛奇、燒肉，正中央則放入蛋黃。

（1人份869kcal、鹽分3.3g）

相同醬汁略略加以變化組合！

韓式烤牛肉

揉和至牛肉的醬汁，就是決定味道的關鍵。蔬菜的嚼感也充滿樂趣！

材料（2人分）

碎牛肉片……200g
洋蔥……½個（約100g）
紅甜椒……⅓個（約50g）
青蔥……5根
燒肉醬汁（參照右頁）……全量
粗碾白芝麻……適量
芝麻油

製作方法

❶ 在缽盆中混拌燒肉醬汁的材料，放進牛肉充分揉和。洋蔥切成寬1cm的月牙狀。紅甜椒除蒂去籽，縱向切成3～4mm。青蔥切成5cm長段。

❷ 平底鍋中倒入芝麻油1大匙，以中火加熱。拌炒牛肉待變色後，加入洋蔥、甜椒。拌炒2分鐘至洋蔥變透明，加入蔥段迅速拌炒。盛盤，撒上粗碾白芝麻。

（1人份473kcal、鹽分2.1g）

泰式打拋醬的黃金比率

泰式打拋飯

濃重的甜鹹滋味，
紮實的魚露、羅勒香氣，風味絕倫！
攪散的絞肉份量十足。

材料（**2人分**）

- 雞絞肉……200g
- 紅甜椒…½個（約70g）
- 洋蔥……¼個（約50g）
- 羅勒……1包（約10g）
- 紅辣椒圈……1根
- 蒜末……½瓣
- 雞蛋……2個
- 熱白飯……丼飯2碗（約300g）
- ＜泰式打拋醬＞
  - 蠔油……2大匙
  - 水……2大匙
  - 魚露……1大匙
  - 砂糖……1小匙
- 沙拉油

準備工作

- 甜椒橫向對半分切，縱向切成3～4mm。
- 洋蔥橫向對半分切，縱向切成薄片
- 摘取羅勒葉片。
- 混拌泰式打拋醬的材料。
- 雞蛋各別打入略小的容器內。

這個醬汁是什麼樣的味道？

魚露特殊的風味和鹹味，與蠔油的濃郁甘醇混合。略微濃重的風味，令人忍不住大塊朵頤。

其他可以應用的料理

用於炒麵或炒飯的調味時，瞬間充滿異國風味。也建議可以用在豆苗或空心菜等簡樸的炒青菜時。

1 煎炸雞蛋

平底鍋中倒入沙拉油2大匙，中火加熱約1分鐘30秒。裝著雞蛋的容器靠近平底鍋傾斜，各別在鍋子兩邊輕輕倒入（注意熱油噴濺）。煎約1分30秒至底部硬脆後，取出。

2 拌炒絞肉

大略拭淨平底鍋，倒入沙拉油1大匙。放入紅辣椒、大蒜，以中火加熱拌炒至散發香氣。加進絞肉攤平靜止煎至絞肉一半以上變色，用木杓大略攪散，再拌炒約2分鐘左右。

POINT!

因為想要留有塊狀的絞肉，因此最初不動地直接加熱。至凝固至某個程度後，再大動作攪散，就是重點。

3 添加蔬菜、調味

放入甜椒、洋蔥拌炒約1分鐘至食材變輕變軟。圈狀澆淋泰式打拋醬，略加熱約30秒左右，拌炒混合後熄火。

4 加入羅勒，盛盤

加入羅勒粗略混拌。將熱白飯盛盤，澆淋泰式打拋醬，擺放雞蛋。攪散蛋黃，沾裹享用。

（1人份657kcal、鹽分4.1g）

相同醬汁略略加以變化組合！

蝦仁豆芽菜的異國風炒麵

澆淋至炒麵，就是 Pad Thai 風格的「泰式炒河粉」，檸檬的酸是巧妙的提味。

材料（2人分）

- 中式麵條……2球
- 蝦仁……100g
- 豆芽菜……½袋（約100g）
- 粗略分切的韭菜……⅓把
- 蒜末……1瓣
- 蛋液……2個
- 泰式打拋醬（參照右頁）……全量
- 月牙形檸檬片……2片
- 沙拉油

製作方法

❶ 蝦仁若有腸泥則取出。混拌泰式打拋醬的材料。中式麵條由袋中取出排放至耐熱烤皿中，鬆鬆地覆蓋保鮮膜，微波加熱約2分鐘，攪散。

❷ 平底鍋中倒入沙拉油1大匙，放入大蒜以中火加熱。放入蝦仁迅速拌炒，加入麵、醬汁混拌全體。加進豆芽菜、韭菜，用大火拌炒約1分鐘。由鍋邊澆淋蛋液，約煎30秒，再粗略混拌全體後盛盤，搭配檸檬。

（1人份516kcal、鹽分4.8g）

雞蛋 : 水 : 麵粉 : 太白粉 : 鹽

1個 : 1 量杯 : 1 量杯 : 大匙 6 : 小匙 ½

韓式煎餅麵糊的黃金比率

材料（直徑約26cm的平底鍋1個）

韭菜……1把（約100g）

<韓式煎餅麵糊>

- 雞蛋……1個
- 水……1杯
- 麵粉……1杯
- 太白粉……6大匙
- 鹽……½小匙

韓式辣醬、柑橘醋醬油……各適量

芝麻油

準備工作

- 韭菜切成5cm長段。

韭菜韓式煎餅

豐滿厚實的麵糊，
表面香脆，內裡Q彈！
柑橘醋醬油中混入韓式辣醬的
「美味醋」醬汁，很適合搭配韭菜。

這個麵糊是什麼樣的味道？

麵粉中添加了太白粉，使煎餅成為表面酥脆內裡Q彈的口感。調味僅使用鹽，也可以使用辛奇等食材來提味。

其他可以應用的料理

可以添加各式食材來享用韓式煎餅，但最受歡迎的就是蝦仁、花枝等海鮮煎餅。豬五花肉鋪放在平底鍋中，再倒入麵糊，就是份量十足的煎餅。

1 製作韓式煎餅麵糊

在缽盆中敲開韓式煎餅麵糊材料中的雞蛋攪散，加入其餘的材料。用烹調長筷如切開般混拌至粉類消失為止。

2 加入韭菜

加入韭菜，用烹調長筷充分混拌使麵糊均勻沾裹。

3 將麵糊倒入平底鍋中

平底鍋中放入芝麻油2大匙，以中火加熱約1分鐘30秒，倒入**2**的麵糊。攤滿平底鍋，平整表面。烘煎約4分鐘至煎餅底部呈現金黃焦色為止。

POINT!

油量略多，因此若沒有確實溫熱就放入麵糊，會使得煎餅過於油膩，請務必注意。滴入少量麵糊，會產生嗞～的聲音，就是熱度判斷的標準。

4 上下翻面

用鍋鏟插入煎餅底部，使煎餅剝離鍋底。煎餅推至平底鍋邊緣，傾斜平底鍋，一口氣上下翻面。

5 加入芝麻油

沿著鍋邊澆淋1大匙芝麻油。

POINT!

追加芝麻油，就是為了能烘煎出表面香脆的成品。

6 再次上下翻面烘煎

用鍋鏟不時地按壓烘煎約2分鐘，翻面後再烘煎約30秒至表面香脆。最後烘煎面朝上，切成方便食用的大小盛盤。蘸上韓式辣醬、柑橘醋醬油享用。

（¼份量254kcal、鹽分0.9g）

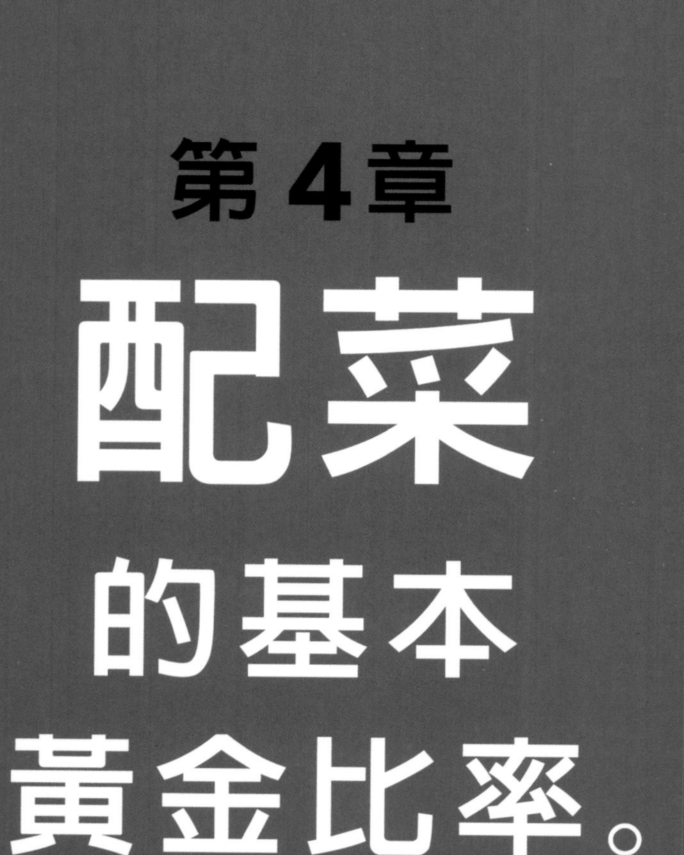

第 4 章

配菜的基本黃金比率。

小菜或沙拉等配菜，有點＜不知如何＞調味的感覺。
其實只要覺得配菜好吃，瞬間就能提升對料理的滿足感。
請大家務必使用黃金比率，來決定極致美味的配菜！
芝麻拌菜、馬鈴薯沙拉、粉絲沙拉等，食譜種類廣泛，
無論什麼樣的主菜都能搭配唷。

高湯醬油的黃金比率

高湯　　醬油

：

日式涼拌菠菜

最重要的就是大量的高湯醬油＜浸漬＞。
高湯滲入菠菜的深刻的風味，令人欣喜。

材料（2人分）

菠菜……1把（約200g）
＜高湯醬油＞
- 高湯……………4大匙
- 醬油……………1大匙

鰹魚片…………………適量
鹽

準備工作

- 在大缽盆中預備冰水。

這個醬汁是什麼樣的味道？

只有高湯和醬油的簡單組合。食材加入大量高湯中浸泡，因此香氣佳又有柔和的醬油風味。

其他可以應用的料理

除了小松菜、鴨兒芹等青菜之外，高麗菜、豆苗、秋葵等也很適合。柔和的調味，建議使用在沒有特殊味道的蔬菜。

1 劃切根部

用平底鍋煮沸約2cm高的熱水，加入少許鹽。菠菜根較粗大時，用刀子在根部劃切十字切紋。

POINT!

相較於葉片，根部較不容易煮熟。劃入切紋可以讓熱水更深入，更快煮熟。

2 由根部開始燙煮

平底鍋改用大火。抓著菠菜葉，根部伸入熱水中燙煮約20秒。用烹調長筷將葉片按壓至熱水中，使整體沉入熱水，待再次沸騰後，上下翻面燙煮。

3 放入冰水中冷卻

取出放入裝有冰水的缽盆，用烹調長筷上下翻動使其冷卻。待冰塊溶化後換水數次，避免餘溫導致蔬菜變軟，迅速動作。

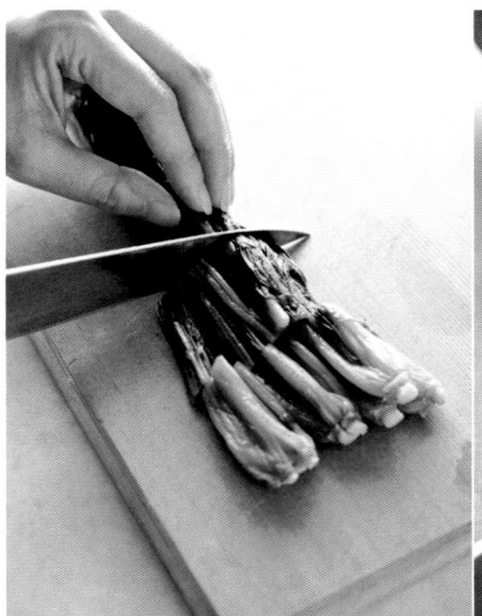

4 擰乾水分

在水中調整好根部的位置，將根部朝上拉起。由上往下，分幾次用力擰乾水分。切成長4～5cm的段。

5 再次擰乾水分

步驟**4**的每一段都再以手用力緊握擰乾水分。平整排放在方型淺盤中。

POINT!

只在長條狀時擰擠，仍會有水分殘留。分切後，再次擰擠掉多餘的水分，能讓味道更容易滲入。

6 浸泡高湯醬油

混合高湯醬油的材料，澆淋在菠菜上。用烹調長筷輕輕撥動，浸泡靜置約5分鐘。盛盤，殘留在方型淺盤的高湯醬油適度淋上，再放上鰹魚片。

（1人份25kcal、鹽分0.9g）

涼拌芝麻醬的黃金比率

炒香粗磨白芝麻	醬油	砂糖	水
大匙 3	大匙 1	大匙 1	大匙 1

四季豆芝麻涼拌

略濃郁的甜鹹滋味，
與芝麻香氣堪稱絕妙。

材料（2～3人份）

四季豆……150g
<涼拌芝麻醬>
- 炒香粗磨過的白芝麻……3大匙
- 醬油……1大匙
- 砂糖……1大匙
- 水……1大匙

鹽

準備工作

- 切除四季豆的蒂頭。

1 燙煮四季豆

用平底鍋煮沸約2cm高的熱水，加入少許鹽。轉為大火放入四季豆，燙煮2分鐘～2分30秒。以濾網撈起避免重疊地攤開放涼，切成3cm的長段。

2 用涼拌芝麻醬混拌

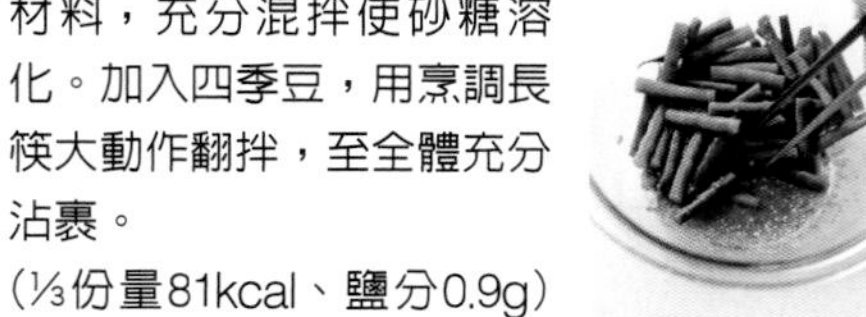

在缽盆中放入涼拌芝麻醬的材料，充分混拌使砂糖溶化。加入四季豆，用烹調長筷大動作翻拌，至全體充分沾裹。
（⅓份量81kcal、鹽分0.9g）

搭配提示 ｜ 可用春菊、青椒、西洋菜等替代。有強烈香氣的蔬菜更是適合。

豆腐芝麻糊的黃金比率

絹豆腐		炒香的白芝麻		淡醬油		砂糖
 ½塊（約150g）	：	大匙 1	：	大匙 1	：	大匙 1

材料（2人分）

菠菜……½把（約100g）
鴻喜菇……1包（約100g）
紅蘿蔔……⅕根（約30g）
<豆腐芝麻糊>
絹豆腐……½塊（約150g）
炒香粗磨過的白芝麻……1大匙
淡醬油……1大匙
砂糖……1大匙
鹽

準備工作

- 豆腐用廚房紙巾包覆後置於盤中，用豆腐空盒裝半盒水壓在豆腐上，約靜置15分鐘左右瀝乾水分。
- 切去鴻喜菇的底部，分成小株。
- 削去紅蘿蔔皮，縱向切成細絲。
- 在大的缽盆中放入冰水備用。

1 燙煮蔬菜撒上鹽

參照P99的步驟**1**～**5**，同樣地燙煮菠菜分切。將鴻喜菇、紅蘿蔔放入相同的熱水中燙煮約2分鐘，用濾網撈出。放入缽盆中，撒入鹽¼小匙調味。

2 用豆腐芝麻糊混拌

在另外的缽盆中放入除了豆腐之外，豆腐芝麻糊的材料，充分混拌使砂糖溶化。豆腐放入萬用濾網，層疊在缽盆上，用橡皮刮刀過濾。充分混拌，加入**1**的蔬菜，由底部舀起般翻拌。

（1人份135kcal、鹽分2.2g）

豆腐涼拌菠菜

深刻濃郁的口感，是炒香粗磨過的白芝麻才有的美味。

搭配提示｜建議選擇沒有特殊味道的青花菜、蘆筍、荷蘭豆等，能烘托出涼拌的香甜濃郁。

高湯

1

量杯

：

醬油

大匙 2

：

砂糖

大匙 2

：

酒

大匙 2

乾貨烹煮湯汁的黃金比率

冷藏可保存4～5日

煮羊栖菜

滲入甜鹹煮汁的羊栖菜，
最適合配飯。
避免折斷羊栖菜地輕柔拌炒。

材料（3～4人份）

羊栖菜嫩芽……30g
紅蘿蔔…⅓根（約50g）
油豆腐…1片（約20g）

<乾貨烹煮湯汁>
- 高湯……1杯
- 醬油……2大匙
- 砂糖……2大匙
- 酒……2大匙

沙拉油

準備工作

- 紅蘿蔔削皮切成3cm長的細絲。
- 參照P9，同樣地製作落蓋。

這個醬汁是什麼樣的味道？
最初嚐起來會感覺到美乃滋的濃郁，但滲入食材中的醋和油脂讓風味百吃不厭，滋味深刻。

其他可以應用的料理
也可以使用水煮蛋、蟹肉棒等個人喜好的材料，或是通心麵沙拉也可以。燙煮過的通心麵，可以先用液態油混拌，待放涼後再混拌美乃滋醬汁。

1 燙煮馬鈴薯

馬鈴薯削去外皮，對半分切，再橫向切成寬1cm的片狀。放入口徑約18cm的鍋中，倒進足以淹蓋馬鈴薯的水量。大火加熱，煮至沸騰後，轉為中火，約煮8分鐘。當竹籤可以輕易刺穿馬鈴薯時，即OK。

2 小黃瓜也用鹽搓揉

小黃瓜切成薄圓片，放入缽盆中，撒上少許鹽混拌。靜置5分鐘後擰乾水分。

3 分切洋蔥，過水

洋蔥橫向對切後，再縱向切成薄片。用水沖洗約5分鐘以洗去辣味，以濾網瀝乾水分。用廚房紙巾包覆，確實擰乾水分。火腿切成2cm的方片狀。

4 瀝去煮汁，使表面呈粉吹狀

馬鈴薯用濾網瀝去水分。放回鍋中，用小火加熱，邊晃動鍋子邊乾煎。待鍋底水分揮發後，馬鈴薯表面呈現乾燥的澱粉狀，熄火。藉由揮發多餘的水分，使馬鈴薯更容易入味，風味更上層樓。

5 調味

馬鈴薯放至大缽盆中，趁熱時用叉子搗碎。當馬鈴薯的大小搗碎至原來的一半時，澆淋上預備好的醬汁材料。大動作混拌，放涼。

POINT!
趁溫熱時添加，醋或液態油可以確實滲入馬鈴薯。反之，美乃滋遇熱容易分離，因此請放涼後再加。

6 混拌食材和美乃滋

將小黃瓜、洋蔥、火腿、美乃滋加入馬鈴薯中，用大湯匙混拌。保留馬鈴薯口感地不要過度搗碎，粗略混拌。
(1人份341kcal、鹽分1.9g)

美乃滋 大匙3 : 砂糖 小匙1 : 醋 小匙1 : 鹽 1小撮 : 胡椒 少許

甜味美乃滋醬汁的黃金比率

涼拌高麗菜

添加了砂糖的甜味美乃滋醬汁，
是小朋友也會喜歡、開心享用的味道！

冷藏可保存3～4日

材料（2人分）

高麗菜……¼個（約250g）
紅蘿蔔……⅕根（約30g）
洋蔥……⅛個（約25g）
火腿……2片
<甜味美乃滋醬汁>
美乃滋……3大匙
砂糖……1小匙
醋……1小匙
鹽……1小撮
胡椒……少許
鹽

準備工作

- 高麗菜切成6～7cm長的細絲。
- 紅蘿蔔削皮，切成長3cm的絲狀。
- 洋蔥橫向對半後，縱向切成薄片。
- 火腿對半分切後，再切成寬5mm的長條狀。
- 在缽盆中放入甜味美乃滋的材料混拌。

1 蔬菜用鹽搓揉

高麗菜、紅蘿蔔、洋蔥放入缽盆中，撒入鹽¼小匙，粗略混拌靜置10分鐘。待蔬菜變軟後，分幾次確實擰乾水分，加入美乃滋醬汁的缽盆中。

2 用美乃滋醬汁拌勻

用烹調長筷和大湯匙，由底部翻拌般地混拌全體，使整體風味充分混合。
（1人份199kcal、鹽分1.4g）

搭配提示 | 建議將蔬菜都切成1cm方丁，用湯匙食用。

韓式淺漬醬汁的黃金比率

蒜泥 ¼瓣

芝麻油

醋

鹽 小匙 ⅓

韓式淺漬沙拉

在家就能享用居酒屋、燒肉店內，
廣受歡迎「令人上癮」的小菜。

材料（2人分）
紅葉萵苣……5～6片（約80g）
大蔥……¼根（約20g）
<韓式淺漬醬汁>
- 蒜泥……¼瓣
- 芝麻油……2大匙
- 醋……1小匙
- 鹽……⅓小匙

烤海苔（21×19cm）……1片
炒香白芝麻……1大匙

1 蔬菜用水沖洗

紅葉萵苣撕成一口大小，大蔥斜向切成薄片，一起用水沖洗至鮮脆後，充分瀝乾水分。

2 以醬汁拌勻

在大缽盆中放入韓式淺漬醬汁的材料充分混拌。加入紅葉萵苣、大蔥，用手從底部翻起地混拌至全體融合。撒上芝麻和撕碎的海苔，略略混拌。
（1人份152kcal、鹽分1.0g）

搭配提示｜雖然很像韓式拌菜，但因添加了醋，比較偏向沙拉醬汁，也可以用來混拌水菜、豆苗等蔬菜。

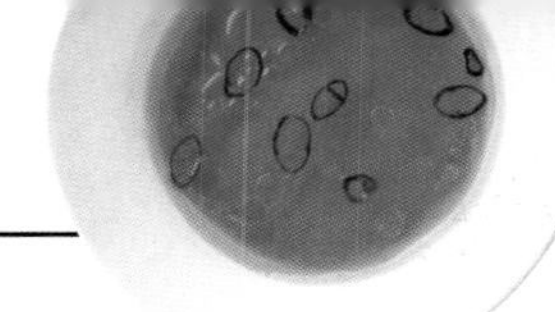

魚露醬汁的黃金比率

蒜泥	紅辣椒	魚露	檸檬汁	砂糖	沙拉油
少許	1根	大匙2	大匙1	大匙1	大匙1

泰式粉絲沙拉

泰式酸甜的粉絲沙拉，
魚露和檸檬的風味就是關鍵

冷藏可保存3～4日

材料（2～3人份）

- 鮮蝦（帶殼、小）……10隻
- 粉絲……60g
- 小黃瓜……1根（約100g）
- 紫洋蔥（或洋蔥）薄片……¼個
- 香菜段……適量

＜魚露醬汁＞

- 蒜泥……少許
- 紅辣椒……1根
- 魚露……2大匙
- 檸檬汁……1大匙
- 砂糖……1大匙
- 沙拉油……1大匙

鹽

準備工作

- 鮮蝦留下蝦尾地剝去蝦殼，劃切蝦背取出腸泥清洗乾淨。
- 切去小黃瓜兩端，縱向對半分切後斜向片切。
- 紅辣椒去蒂去籽，切成小圓圈狀。

1 燙煮鮮蝦和粉絲

在大量熱水中加入少許鹽，以中火燙煮鮮蝦30～40秒。用濾網取出，降溫。用相同熱水依照包裝說明燙煮粉絲，用濾網取出確實瀝乾水分，以廚房剪刀剪成方便食用的長度。

2 用醬汁拌勻

在缽盆中放入魚露醬汁的材料，充分混拌使砂糖溶化。將**1**的粉絲趁溫熱時加入混拌，使其入味。待降溫後放入鮮蝦、小黃瓜、紫洋蔥，用烹調長筷和大湯匙由底部翻起，充分混拌全體。盛盤，放上香菜。

（1人份152kcal、鹽分2.3g）

搭配提示｜鮮蝦用碎牛肉或絞肉來替代也 OK，另外也可以作為生春卷的蘸醬。

醃漬用

中式醬油醃醬的黃金比率

大蒜	紅辣椒	醬油	醋	芝麻油	砂糖
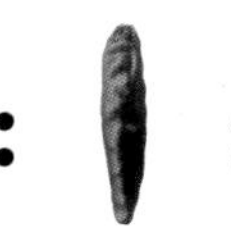					
1瓣	1根	大匙 3	大匙 2	大匙 2	大匙 1

材料（方便製作的份量）

小黃瓜……4根（約400g）

<中式醬油醃醬>

- 大蒜……1瓣
- 紅辣椒……1根
- 醬油……3大匙
- 醋……2大匙
- 芝麻油……2大匙
- 砂糖……1大匙

鹽

準備工作

- 大蒜對半分切，用刀腹壓碎。
- 將中式醬油醃醬的材料放入20×18cm的保存袋，從保存袋外側揉和使砂糖溶化。

中式敲拌小黃瓜

添加大蒜的醋醬油和芝麻香氣，引人食指大動，也是很棒的下酒菜！

1 敲碎小黃瓜，用鹽搓揉

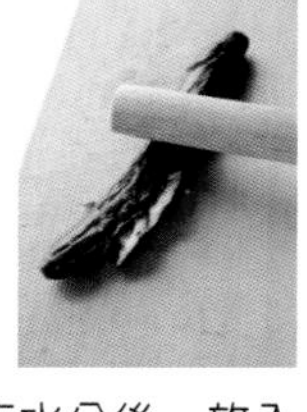

小黃瓜切去兩端，用擀麵棍敲打小黃瓜，打出裂紋後，用手撕成方便食用的大小。放入缽盆中，撒入鹽¼小匙，靜置10分鐘。確實擰乾水分後，放入裝有醃醬的保存袋中。

2 用保存袋醃漬

不時地上下翻動保存袋，使全體浸漬到醬汁，從保存袋外側搓揉。排出空氣地封住袋口，放置於冷藏室醃漬30分鐘以上。

（⅛份量11kcal、鹽分0.2g）

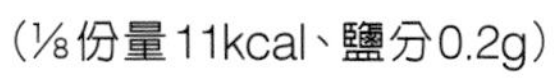

冷藏可保存4～5日

搭配提示 | 白蘿蔔、芹菜等蔬菜可切成長條狀，因為醬汁較濃，切成稍粗的條狀才不會太鹹。

用空瓶製作保存！

「醬汁」的黃金比率

製作醬汁時，調味料的比例就是靈魂所在！
目前市售最受歡迎的口味，都能使用黃金比率簡單地自製出美味成品。
材料全部放入空瓶中，搖晃瓶子即可完成！
即使沒有用完也可以直接保存，非常方便喔。

共同的製作方法

在清潔的空瓶（容量150ml左右的瓶子）中放入所有的醬汁材料，蓋上瓶蓋充分搖晃混拌。有些是容易分離的材料，因此使用前也要充分搖動。

保存時　蓋上瓶蓋，放入冷藏室保存。油脂凝固時，可先放置回復室溫，搖動均勻後再使用。

材料(2人份×2～3次)

橄欖油 大匙6：醋 大匙3：鹽 小匙1：粗磨黑胡椒 少許

材料(2人份×2～3次)

蒜泥 1/3瓣：美乃滋 大匙6：牛奶 大匙1：醋 大匙1：鹽 1小撮

法式醬汁

無論是什麼蔬菜，都可以使用的經典美味。
醋可用檸檬汁替換，更爽口。

冷藏可保存約10日

(1大匙75kcal、鹽分0.7g)

凱撒醬

以美乃滋為基底，乳霜般的醬汁中，
散發著蒜泥香氣。

冷藏可保存3～4日

(1大匙64kcal、鹽分0.3g)

例如
「含羞草沙拉」。

像含羞草的花一般，撒上水煮蛋的華麗沙拉！分開蛋黃和蛋白，以萬用濾網過濾即可完成，意外地簡單。相對於萵苣2～3片、嫩葉生菜20g(2人份)，約使用2～3大匙醬汁。

例如
「凱撒沙拉」。

添加香脆培根和麵包丁的人氣沙拉。醬汁混拌在萵苣上，擺放顯眼的培根、麵包丁，非常吸睛美味。相對於萵苣⅓個(2人份)，約使用3大匙醬汁。

黑醋洋蔥醬汁

材料（2人份×2～3次）

蒜泥 ⅛瓣：芝麻油 大匙3：醬油 大匙2：黑醋 大匙1：砂糖 小匙1

柔和的黑醋搭配洋蔥泥，
是現在最受歡迎的組合。

冷藏
可保存
5～6日

（1大匙43kcal、鹽分0.6g）

例如
「冷涮豬肉片沙拉」。

美味滿點的涮豬肉片，和清爽可口的黑醋風味，真是絕配。豬肉用略小的中火迅速汆燙，柔軟地完成。相對於水菜⅓把、豬肉120g(2人份），約使用3大匙醬汁。

芝麻美乃滋

材料（2人份×2～3次）

美乃滋 大匙5：白芝麻 大匙3（炒香粗磨過的）：醬油 大匙1：砂糖 小匙1

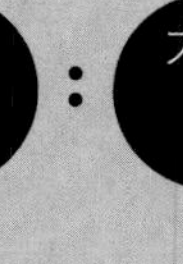

濃郁的芝麻與美乃滋中添加醬油，
芳醇濃厚的日式風味。

冷藏
可保存
約10日

（1大匙66kcal、鹽分0.4g）

例如
「牛蒡沙拉」。

芝麻美乃滋乳霜般的風味，最適合搭配風味強烈的根莖類。混合燙煮過的牛蒡細絲、火腿、蘿蔔嬰。相對於牛蒡1根（2人份），約使用3大匙醬汁。

材料（2人份×2～3次）

蒜泥 ¼瓣 : 韓式辣醬 大匙3 : 砂糖 大匙3 : 芝麻油 大匙2 : 醬油 大匙2

材料（2人份×2～3次）

薑泥 1塊 : 沙拉油 大匙3 : 醬油 大匙2 : 醋 大匙1

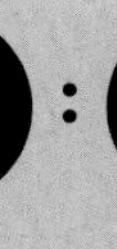

韓式醬汁

芳醇濃重的辣味令人食慾大振！
因為具有稠度，蔬菜也能充分沾裹。

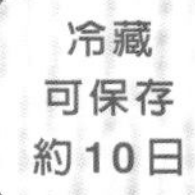

冷藏可保存約10日

（1大匙49kcal、鹽分0.9g）

例如
「豆腐沙拉」。

就是以最適合這款醬汁的豆腐作為主角。參照P101的準備工作，以相同訣竅瀝去豆腐的水分，味道就不會被稀釋。除了大蔥、紅辣椒絲之外，韓國海苔、芝麻等都很適合搭配。相對於木綿豆腐1塊（2人份），約使用3大匙醬汁。

日式薑味油醋醬油

醋醬油的經典日式風味。
薑泥的辣味清新爽口！

冷藏可保存約10日

（1大匙53kcal、鹽分0.7g）

例如
「蘿蔔沙拉」。

蘿蔔絲中混入了油豆腐，是很下飯的沙拉。油豆腐切絲後用平底鍋香煎，做出香脆口感，就是訣竅。相對於蘿蔔¼根（2人份），約使用2大匙醬汁。

以食材的黃金比率製作必定會成功！

10分鐘入味！快速燉煮

燉煮＝花時間，您是否也這麼認為呢？若是使用這個「縮時專用」的醬汁，即使沒時間也不用擔心。略為濃稠的配方一起烹煮，轉瞬間就能入味好吃！能做出非常下飯的極致絕妙料理喔。

縮時醬汁

水		醬油		味醂		砂糖
3/4量杯	:	大匙2	:	大匙2	:	大匙1

材料（2～3人份）

雞翅……6隻（約350g）

蓮藕……1節（約250g）

＜縮時醬汁＞（參照右頁）……全量

醃梅……1個

沙拉油

製作方法

1 材料預先處理，烘煎

蓮藕去皮，切成寬1cm的半圓形。雞翅先在骨頭兩側劃入切紋。平底鍋中放入沙拉油1小匙，以中火加熱。雞翅帶皮表面朝下煎3～4分鐘，反面內側也香煎後，取出。平底鍋粗略拭淨後加入沙拉油2小匙，以中火加熱，放入蓮藕，兩面各煎2分鐘，將雞翅放回。

2 用「縮時醬汁」燉煮7分鐘

醬汁的材料，從砂糖開始逆向加入，每次加入都迅速混拌。加入醃梅，攤平食材蓋上鍋蓋，以中火燉煮約5分鐘。打開鍋蓋，用略強的中火，不時地上下翻動煮1～2分鐘收汁。

（⅓份量269kcal、鹽分2.2g）

＋醃梅

醃梅煮雞翅蓮藕

柔軟的雞翅搭配鬆軟又脆口的蓮藕，口感絕佳！
醃梅隱約的酸味，令餘韻清新爽口。

7分鐘馬鈴薯燉肉

「烹煮時間只要7分鐘」，但卻濃醇入味！
馬鈴薯切成半圓形，也是縮時的秘訣。

材料（2人份）

碎牛肉片……120g

馬鈴薯‥2個（約300g）

紅蘿蔔‥⅓根（約50g）

洋蔥……¼個（約50g）

＜縮時醬汁＞

水……¾杯

醬油……2大匙

味醂……2大匙

砂糖……1大匙

沙拉油

準備工作

- 馬鈴薯去皮，切成厚1.5cm的半圓形，用水沖洗5分鐘後，瀝乾水分。
- 紅蘿蔔去皮，切成寬5mm的半圓形。
- 洋蔥切成寬1.5cm的月牙狀。
- 牛肉切成方便食用的大小。

製作方法

1 依肉類和蔬菜的順序拌炒

平底鍋中放入沙拉油1小匙，以中火加熱。牛肉拌炒約1分鐘後，先取出。平底鍋粗略拭淨後加入沙拉油1小匙，以中火加熱，放入馬鈴薯、紅蘿蔔、洋蔥。拌炒約2分鐘至馬鈴薯邊緣產生透明，將牛肉放回鍋中。

2 用「縮時醬汁」燉煮7分鐘

醬汁的材料，從砂糖開始逆向加入，每次加入都迅速混拌。攤平食材蓋上鍋蓋，以中火燉煮約5分鐘。打開鍋蓋，用略強的中火，不時地上下翻動熬煮1～2分鐘收汁。

（1人份384kcal、鹽分2.7g）

POINT!

水分相當少的醬汁，以中火一氣呵成地加熱完成！略濃重的調味料可以沾裹在食材表面，有點像是「炒＋煮」的感覺。

檸檬風味雞肉甘薯

美味濃郁的雞腿，製作成飽足感十足的燉煮。
檸檬的酸味和香氣，更增添清新口感。

材料（2人份）

雞腿……………1片（約250g）
甘薯……………1條（約250g）
檸檬（日本國產）切成薄圓片……………¼顆
縮時醬汁（參照 P122）……………全量
沙拉油

製作方法

1 分切材料，拌炒
甘薯充分洗淨後，帶皮切成寬1cm的圓片。雞腿肉切除多餘的脂肪，切成一口大小。平底鍋中放入沙拉油1小匙，以中火加熱。雞肉帶皮表面朝下煎3～4分鐘。翻面略煎，加入甘薯，拌炒至均勻沾裹上油。

2 用「縮時醬汁」燉煮8分鐘
醬汁的材料，從砂糖開始逆向加入，每次加入都迅速混拌。攤平食材蓋上鍋蓋，以中火煮約6分鐘。打開鍋蓋，放入檸檬，用略強的中火，不時地上下翻動煮1～2分鐘收汁。
（1人份523kcal、鹽分3.0g）

薑絲煮旗魚

加入大量薑絲，香味四溢的煮魚。
煮至柔軟的洋蔥也美味至極。

材料（2人份）

旗魚……………2片（約250g）
洋蔥（大）……1個（約250g）
四季豆……………8條
薑絲……………2塊
縮時醬汁（參照 P122）……………全量
沙拉油

製作方法

1 分切材料，烘煎
洋蔥切成8等分的月牙狀狀。四季豆去蒂、旗魚對半分切。平底鍋中放入沙拉油½大匙，以中火加熱，放入旗魚、洋蔥。兩面各烘煎1～2分鐘至呈現金黃色。

2 用「縮時醬汁」燉煮8分鐘
醬汁的材料，從砂糖開始逆向加入，每次加入都迅速混拌。加入四季豆、薑絲，攤平食材蓋上鍋蓋，以中火煮約7～8分鐘。
（1人份347kcal、鹽分2.9g）

厚切蘿蔔
也可用微波加熱，
大幅縮短時間！

用微波爐將蘿蔔預先加熱，
就能更快煮至柔軟，
將水分排出，有助於入味，也預先完成準備工作！

豬五花滷蘿蔔

甜鹹醬油露與豬肉的美味，完全滲入蘿蔔中，
蘿蔔微波後正中央的凹陷，就是釋出水分的證明。

材料（2人份）

豬五花薄切肉片……120g
蘿蔔（小）……½根
（約400g）
水煮蛋……2個
縮時醬汁（參照122）
……全量
沙拉油

製作方法

1 蘿蔔微波加熱
蘿蔔去皮，切成寬2cm的半圓形。放在耐熱容器中，避免層疊地攤開排放，澆淋1大匙水。鬆鬆地覆蓋保鮮膜，用微波爐加熱8分鐘。取出過冷水拭去水分，豬肉切成7cm段。

2 拌炒材料，加入「縮時醬汁」
平底鍋中放入沙拉油1小匙，以中火加熱，放入豬肉拌炒約1分鐘。加入蘿蔔，拌炒讓外層沾裹上油。醬汁的材料，從砂糖開始逆向加入，每次加入都迅速混拌。

3 翻面再煮9分鐘
攤平食材蓋上鍋蓋，以中火烹煮約4分鐘。上下翻面同樣再煮3分鐘。打開鍋蓋，加入水煮蛋，用略強的中火。邊混拌邊煮2分鐘收汁。

（1人份437kcal、鹽分2.9g）

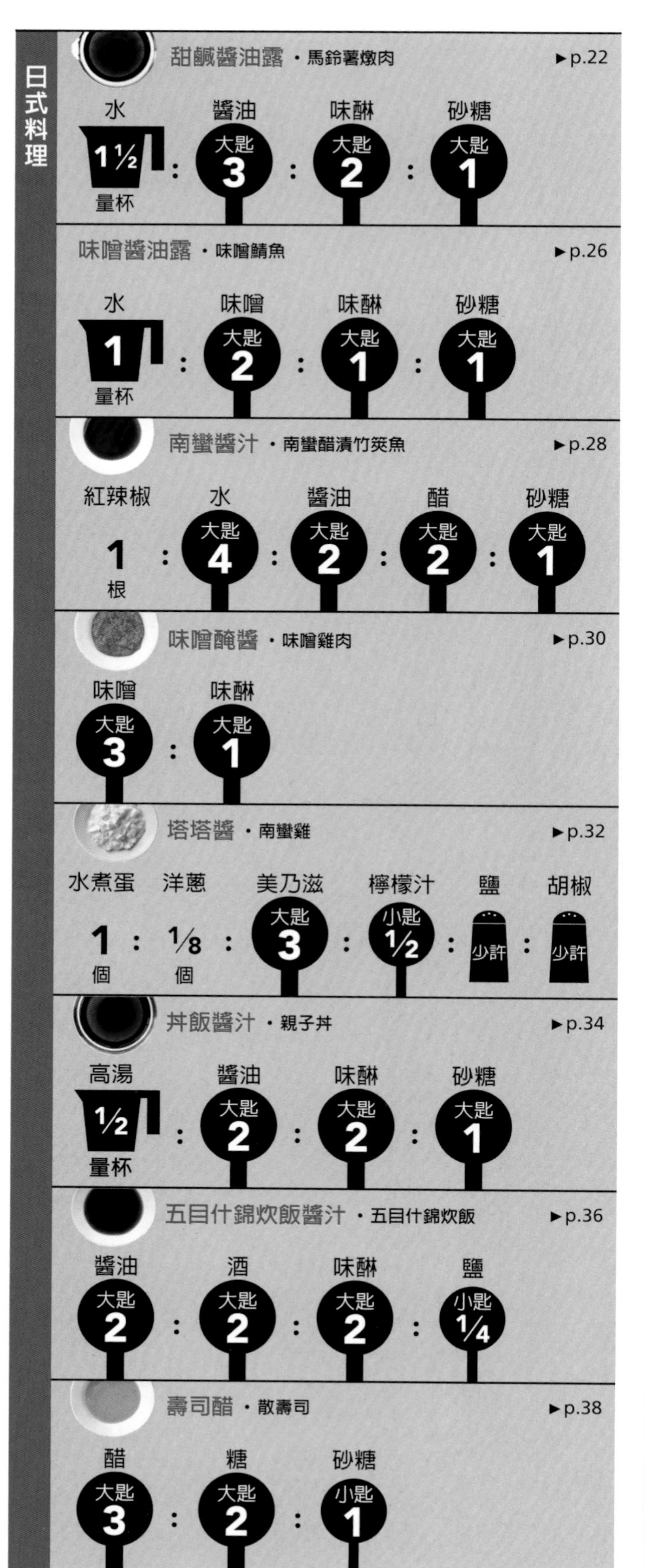

立刻
想知道配方時！
「黃金比率調味法」一覽表

「雖然知道製作方法，但想要再次確認調味比率！」
此時可以使用的一覽表，就附在這裡。
書中出現過的醬料、醬汁、料理名稱、頁數
以及「黃金比率調味法」都詳細的列出。有裁切線可以剪下，
貼在容易看到的地方，非常方便。

※沒有照片的醬料或醬汁，表示不需混合，屬於烹調時各別添加使用的類型。請多加注意。
※醬汁的照片是搖晃前的狀態，請充分搖晃後再使用。

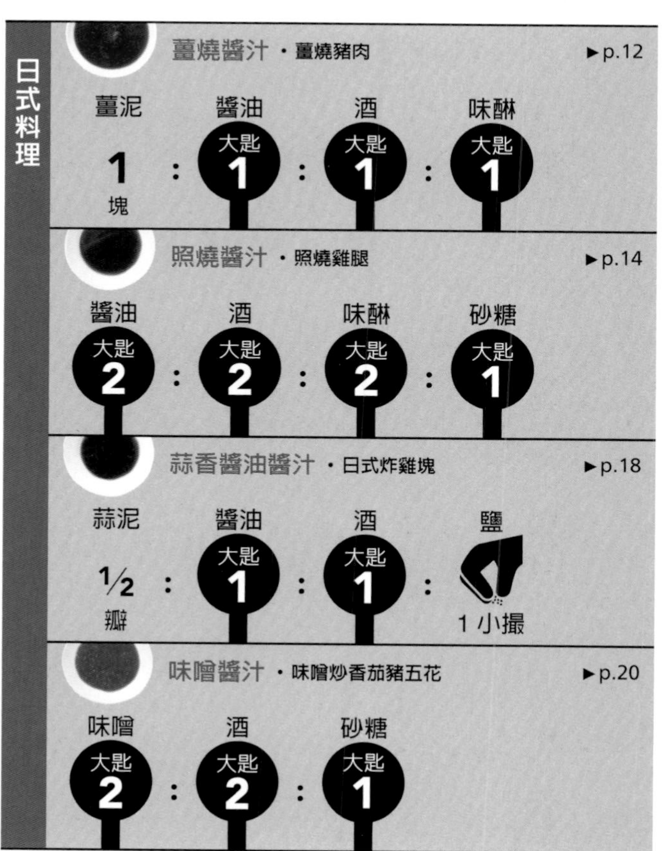

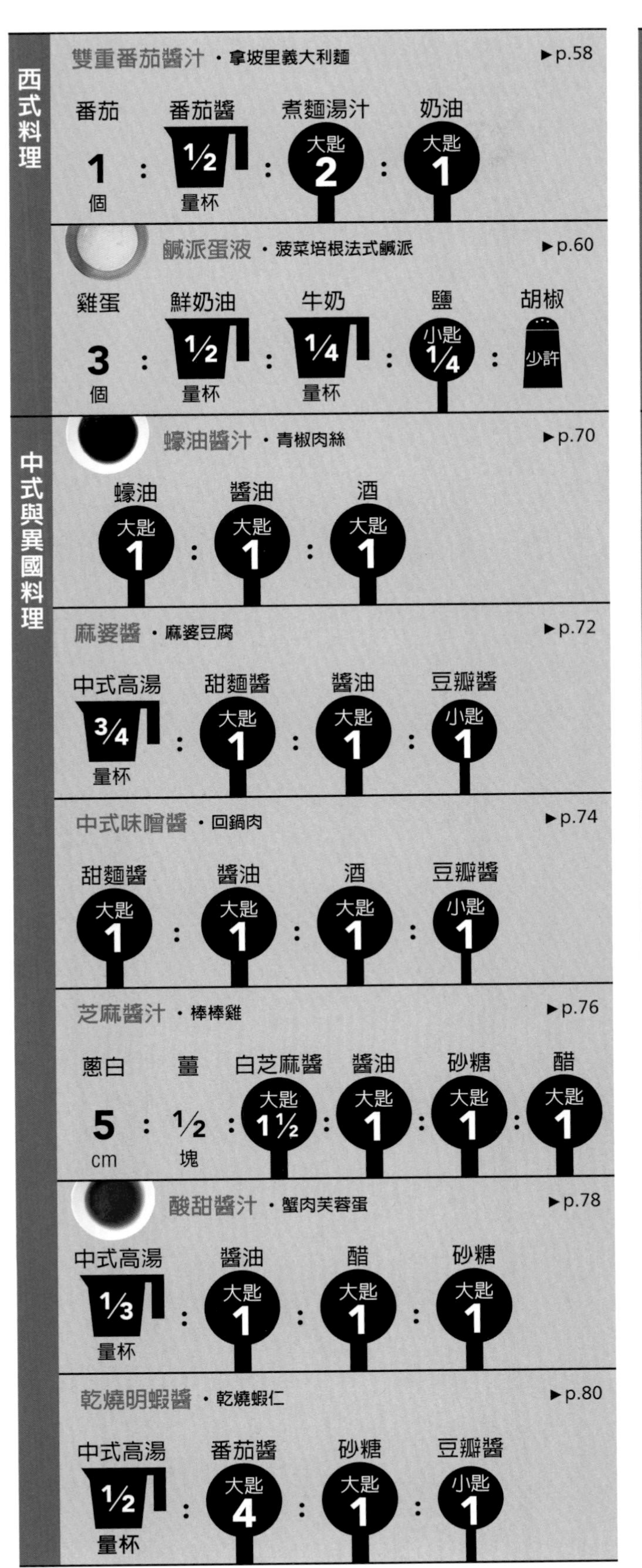

西式料理
雙重番茄醬汁・拿坡里義大利麵 ▶p.58
番茄 1 個 : 番茄醬 ½ 量杯 : 煮麵湯汁 大匙 2 : 奶油 大匙 1
鹹派蛋液・菠菜培根法式鹹派 ▶p.60
雞蛋 3 個 : 鮮奶油 ½ 量杯 : 牛奶 ¼ 量杯 : 鹽 小匙 ¼ : 胡椒 少許
中式與異國料理
蠔油醬汁・青椒肉絲 ▶p.70
蠔油 大匙 1 : 醬油 大匙 1 : 酒 大匙 1
麻婆醬・麻婆豆腐 ▶p.72
中式高湯 ¾ 量杯 : 甜麵醬 大匙 1 : 醬油 大匙 1 : 豆瓣醬 小匙 1
中式味噌醬・回鍋肉 ▶p.74
甜麵醬 大匙 1 : 醬油 大匙 1 : 酒 大匙 1 : 豆瓣醬 小匙 1
芝麻醬汁・棒棒雞 ▶p.76
蔥白 5 cm : 薑 ½ 塊 : 白芝麻醬 大匙 1½ : 醬油 大匙 1 : 砂糖 大匙 1 : 醋 大匙 1
酸甜醬汁・蟹肉芙蓉蛋 ▶p.78
中式高湯 ⅓ 量杯 : 醬油 大匙 1 : 醋 大匙 1 : 砂糖 大匙 1
乾燒明蝦醬・乾燒蝦仁 ▶p.80
中式高湯 ½ 量杯 : 番茄醬 大匙 4 : 砂糖 大匙 1 : 豆瓣醬 小匙 1

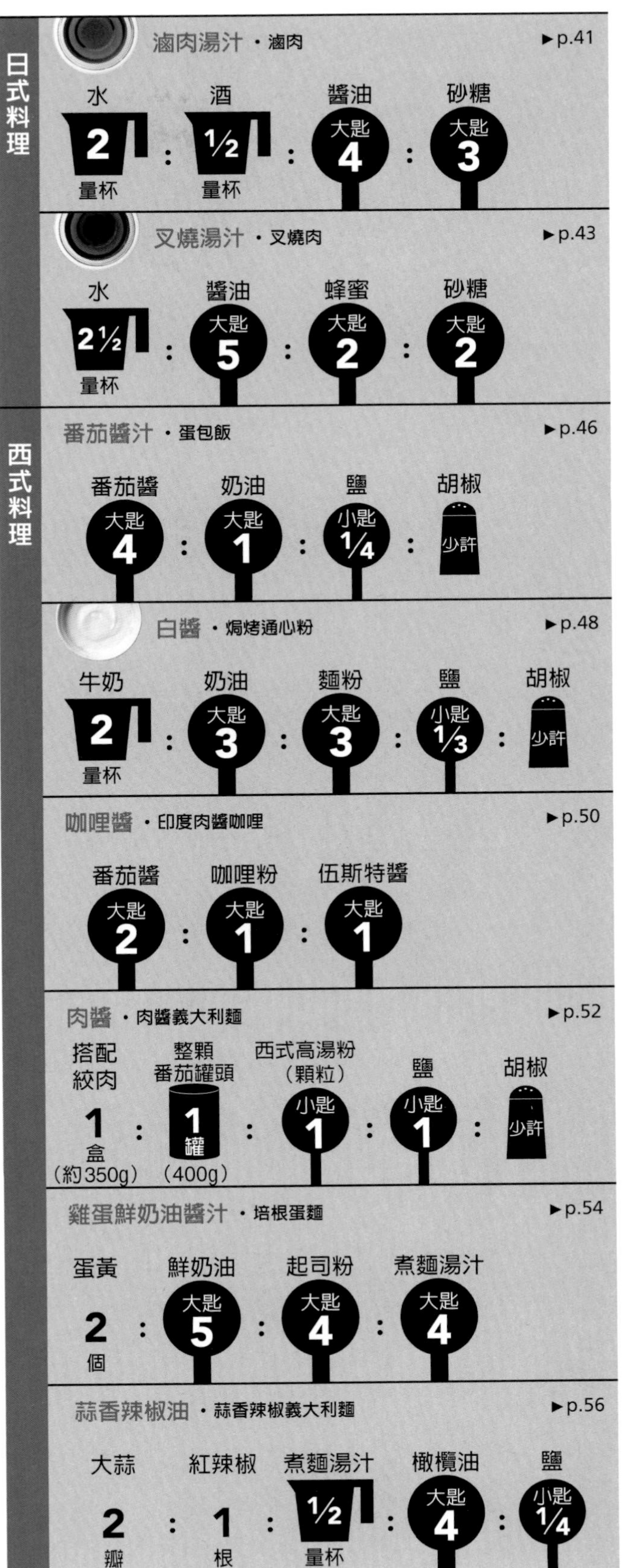

日式料理
滷肉湯汁・滷肉 ▶p.41
水 2 量杯 : 酒 ½ 量杯 : 醬油 大匙 4 : 砂糖 大匙 3
叉燒湯汁・叉燒肉 ▶p.43
水 2½ 量杯 : 醬油 大匙 5 : 蜂蜜 大匙 2 : 砂糖 大匙 2
西式料理
番茄醬汁・蛋包飯 ▶p.46
番茄醬 大匙 4 : 奶油 大匙 1 : 鹽 小匙 ¼ : 胡椒 少許
白醬・焗烤通心粉 ▶p.48
牛奶 2 量杯 : 奶油 大匙 3 : 麵粉 大匙 3 : 鹽 小匙 ⅓ : 胡椒 少許
咖哩醬・印度肉醬咖哩 ▶p.50
番茄醬 大匙 2 : 咖哩粉 大匙 1 : 伍斯特醬 大匙 1
肉醬・肉醬義大利麵 ▶p.52
搭配絞肉 1 盒（約350g） : 整顆番茄罐頭 1 罐（400g） : 西式高湯粉（顆粒） 小匙 1 : 鹽 小匙 1 : 胡椒 少許
雞蛋鮮奶油醬汁・培根蛋麵 ▶p.54
蛋黃 2 個 : 鮮奶油 大匙 5 : 起司粉 大匙 4 : 煮麵湯汁 大匙 4
蒜香辣椒油・蒜香辣椒義大利麵 ▶p.56
大蒜 2 瓣 : 紅辣椒 1 根 : 煮麵湯汁 ½ 量杯 : 橄欖油 大匙 4 : 鹽 小匙 ¼

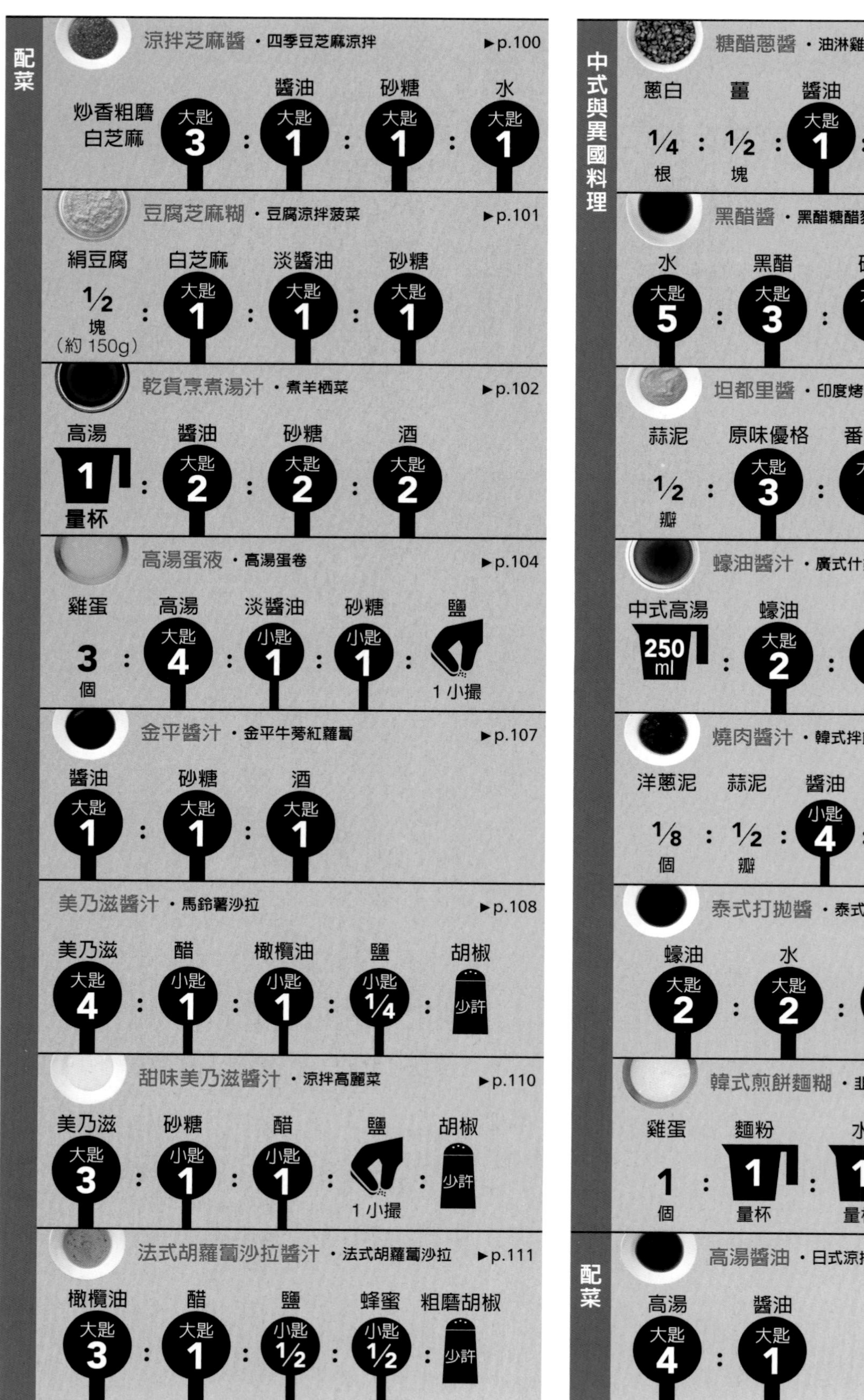
配菜
涼拌芝麻醬 • 四季豆芝麻涼拌 ▶p.100
炒香粗磨白芝麻 大匙 3 : 醬油 大匙 1 : 砂糖 大匙 1 : 水 大匙 1
豆腐芝麻糊 • 豆腐涼拌菠菜 ▶p.101
絹豆腐 1/2 塊（約 150g）: 白芝麻 大匙 1 : 淡醬油 大匙 1 : 砂糖 大匙 1
乾貨烹煮湯汁 • 煮羊栖菜 ▶p.102
高湯 1 量杯 : 醬油 大匙 2 : 砂糖 大匙 2 : 酒 大匙 2
高湯蛋液 • 高湯蛋卷 ▶p.104
雞蛋 3 個 : 高湯 大匙 4 : 淡醬油 小匙 1 : 砂糖 小匙 1 : 鹽 1 小撮
金平醬汁 • 金平牛蒡紅蘿蔔 ▶p.107
醬油 大匙 1 : 砂糖 大匙 1 : 酒 大匙 1
美乃滋醬汁 • 馬鈴薯沙拉 ▶p.108
美乃滋 大匙 4 : 醋 小匙 1 : 橄欖油 小匙 1 : 鹽 小匙 1/4 : 胡椒 少許
甜味美乃滋醬汁 • 涼拌高麗菜 ▶p.110
美乃滋 大匙 3 : 砂糖 小匙 1 : 醋 小匙 1 : 鹽 1 小撮 : 胡椒 少許
法式胡蘿蔔沙拉醬汁 • 法式胡蘿蔔沙拉 ▶p.111
橄欖油 大匙 3 : 醋 大匙 1 : 鹽 小匙 1/2 : 蜂蜜 小匙 1/2 : 粗磨胡椒 少許

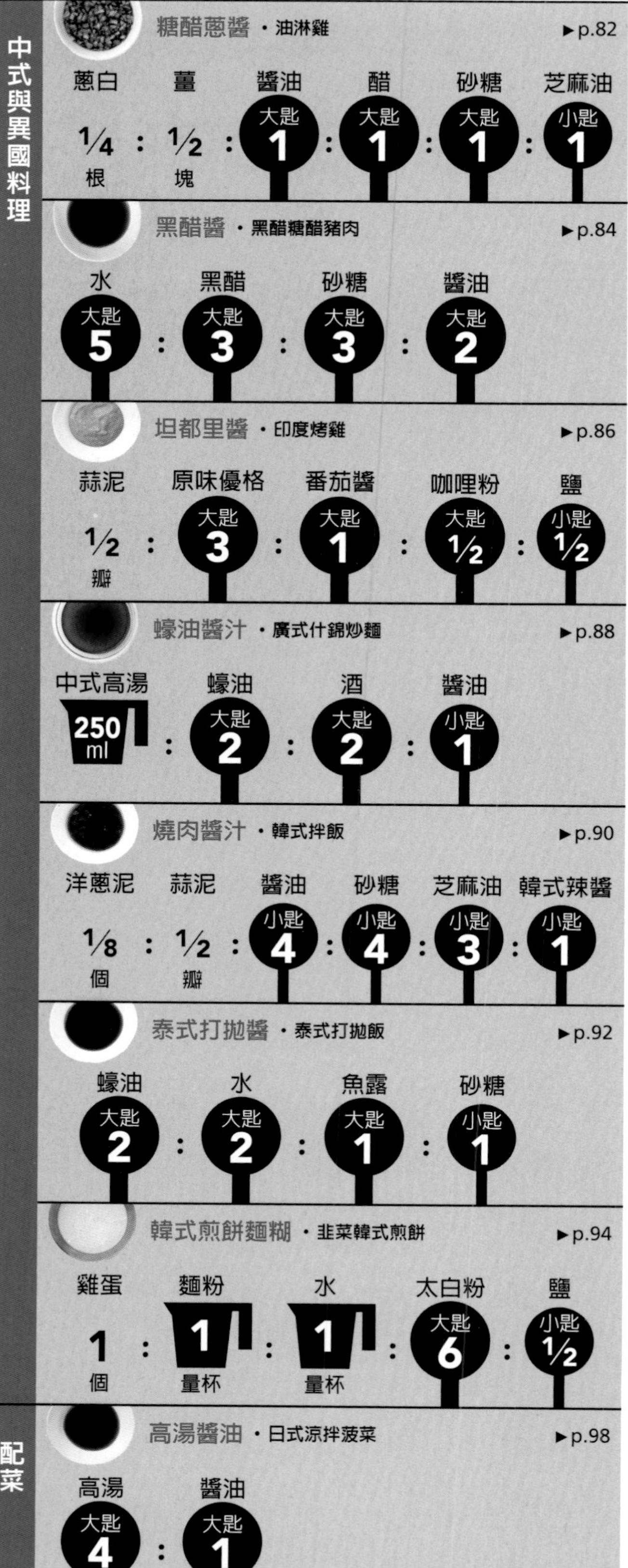
中式與異國料理
糖醋蔥醬 • 油淋雞 ▶p.82
蔥白 1/4 根 : 薑 1/2 塊 : 醬油 大匙 1 : 醋 大匙 1 : 砂糖 大匙 1 : 芝麻油 小匙 1
黑醋醬 • 黑醋糖醋豬肉 ▶p.84
水 大匙 5 : 黑醋 大匙 3 : 砂糖 大匙 3 : 醬油 大匙 2
坦都里醬 • 印度烤雞 ▶p.86
蒜泥 1/2 瓣 : 原味優格 大匙 3 : 番茄醬 大匙 1 : 咖哩粉 大匙 1/2 : 鹽 小匙 1/2
蠔油醬汁 • 廣式什錦炒麵 ▶p.88
中式高湯 250ml : 蠔油 大匙 2 : 酒 大匙 2 : 醬油 小匙 1
燒肉醬汁 • 韓式拌飯 ▶p.90
洋蔥泥 1/8 個 : 蒜泥 1/2 瓣 : 醬油 小匙 4 : 砂糖 小匙 4 : 芝麻油 小匙 3 : 韓式辣醬 小匙 1
泰式打拋醬 • 泰式打拋飯 ▶p.92
蠔油 大匙 2 : 水 大匙 2 : 魚露 大匙 1 : 砂糖 小匙 1
韓式煎餅麵糊 • 韭菜韓式煎餅 ▶p.94
雞蛋 1 個 : 麵粉 1 量杯 : 水 1 量杯 : 太白粉 大匙 6 : 鹽 小匙 1/2
配菜
高湯醬油 • 日式涼拌菠菜 ▶p.98
高湯 大匙 4 : 醬油 大匙 1

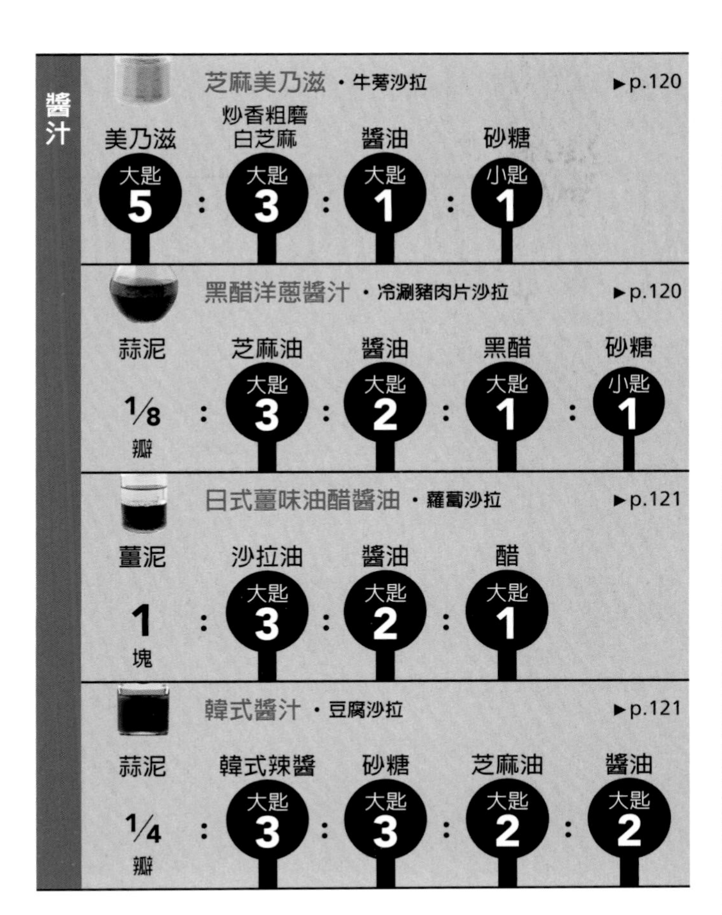
醬汁
芝麻美乃滋 ・牛蒡沙拉 ▶p.120
美乃滋 大匙 5 : 炒香粗磨白芝麻 大匙 3 : 醬油 大匙 1 : 砂糖 小匙 1
黑醋洋蔥醬汁 ・冷涮豬肉片沙拉 ▶p.120
蒜泥 1/8 瓣 : 芝麻油 大匙 3 : 醬油 大匙 2 : 黑醋 大匙 1 : 砂糖 小匙 1
日式薑味油醋醬油 ・蘿蔔沙拉 ▶p.121
薑泥 1 塊 : 沙拉油 大匙 3 : 醬油 大匙 2 : 醋 大匙 1
韓式醬汁 ・豆腐沙拉 ▶p.121
蒜泥 1/4 瓣 : 韓式辣醬 大匙 3 : 砂糖 大匙 3 : 芝麻油 大匙 2 : 醬油 大匙 2

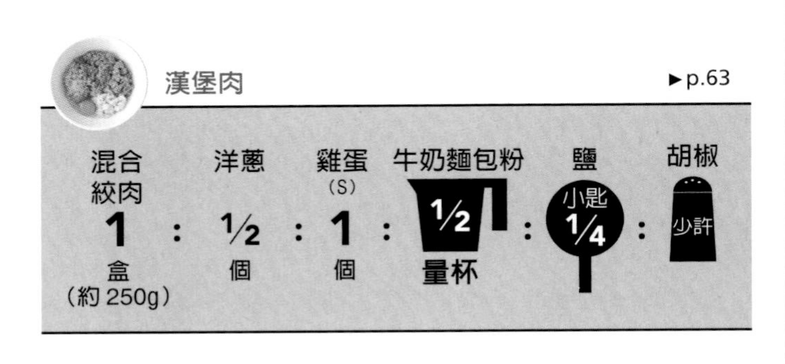
漢堡肉 ▶p.63
混合絞肉 1 盒（約 250g） : 洋蔥 1/2 個 : 雞蛋（S） 1 個 : 牛奶麵包粉 1/2 量杯 : 鹽 小匙 1/4 : 胡椒 少許

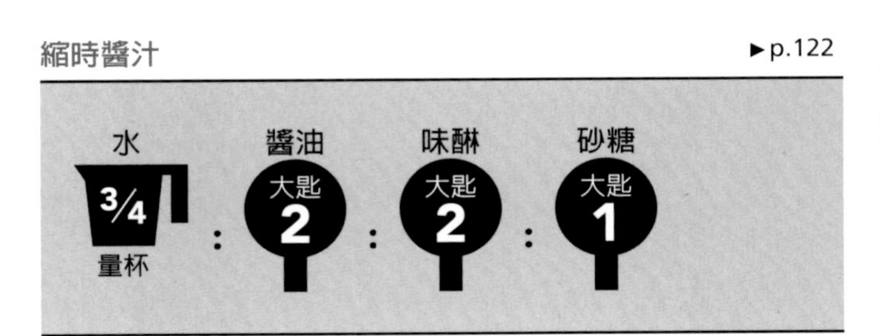
縮時醬汁 ▶p.122
水 3/4 量杯 : 醬油 大匙 2 : 味醂 大匙 2 : 砂糖 大匙 1

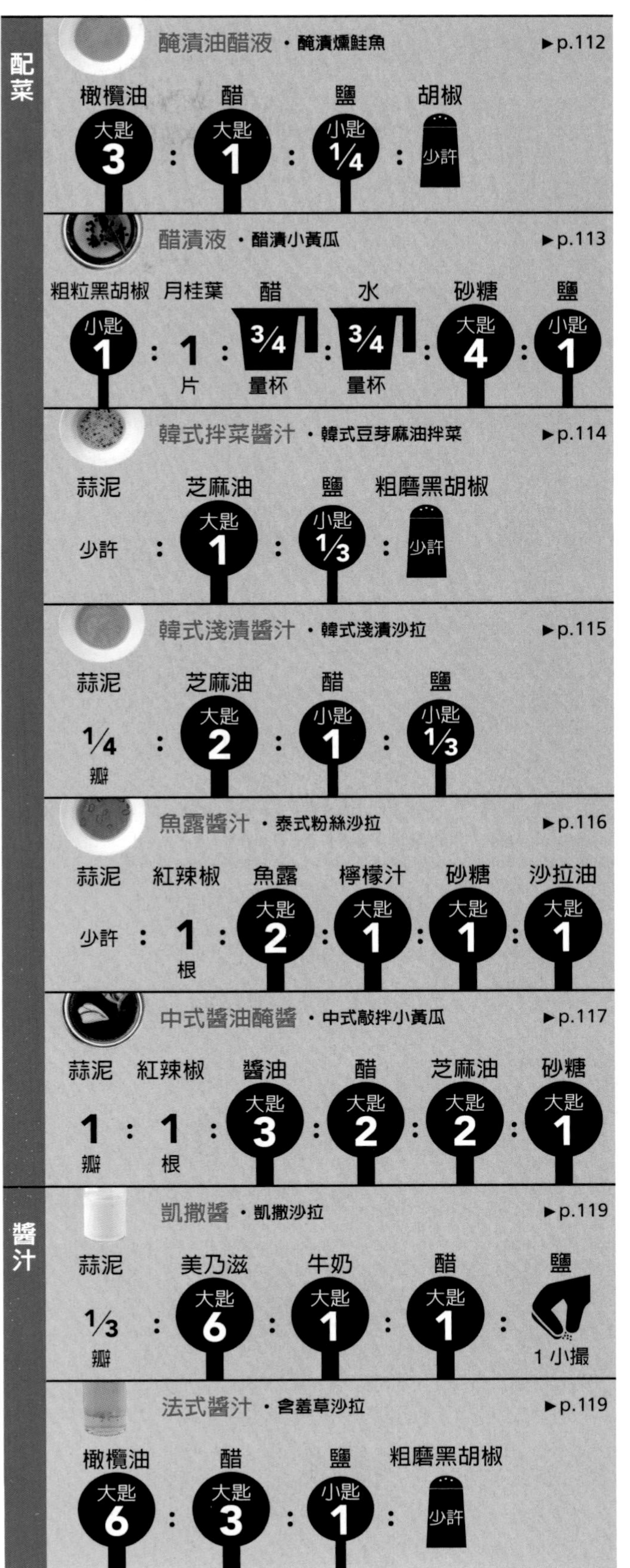
配菜
醃漬油醋液 ・醃漬燻鮭魚 ▶p.112
橄欖油 大匙 3 : 醋 大匙 1 : 鹽 小匙 1/4 : 胡椒 少許
醋漬液 ・醋漬小黃瓜 ▶p.113
粗粒黑胡椒 小匙 1 : 月桂葉 1 片 : 醋 3/4 量杯 : 水 3/4 量杯 : 砂糖 大匙 4 : 鹽 小匙 1
韓式拌菜醬汁 ・韓式豆芽麻油拌菜 ▶p.114
蒜泥 少許 : 芝麻油 大匙 1 : 鹽 小匙 1/3 : 粗磨黑胡椒 少許
韓式淺漬醬汁 ・韓式淺漬沙拉 ▶p.115
蒜泥 1/4 瓣 : 芝麻油 大匙 2 : 醋 小匙 1 : 鹽 小匙 1/3
魚露醬汁 ・泰式粉絲沙拉 ▶p.116
蒜泥 少許 : 紅辣椒 1 根 : 魚露 大匙 2 : 檸檬汁 大匙 1 : 砂糖 大匙 1 : 沙拉油 大匙 1
中式醬油醃醬 ・中式敲拌小黃瓜 ▶p.117
蒜泥 1 瓣 : 紅辣椒 1 根 : 醬油 大匙 3 : 醋 大匙 2 : 芝麻油 大匙 2 : 砂糖 大匙 1
醬汁
凱撒醬 ・凱撒沙拉 ▶p.119
蒜泥 1/3 瓣 : 美乃滋 大匙 6 : 牛奶 大匙 1 : 醋 大匙 1 : 鹽 1 小撮
法式醬汁 ・含羞草沙拉 ▶p.119
橄欖油 大匙 6 : 醋 大匙 3 : 鹽 小匙 1 : 粗磨黑胡椒 少許

系列名稱／Joy Cooking
書名／「黃金比率」調味法：必學基本料理 100！
作者／ORANGE PAGE
出版者／出版菊文化事業有限公司
發行人／趙天德
總編輯／車東蔚
翻譯／胡家齊
文編•校對／編輯部
美編／R.C. Work Shop
地址／台北市雨聲街 77 號 1 樓
TEL／（02）2838-7996
FAX／（02）2836-0028
二版日期／2025 年 2 月
定價／新台幣 450 元
ISBN／9786267611029
書號／J164
讀者專線／（02）2836-0069
www.ecook.com.tw
E-mail／service@ecook.com.tw
劃撥帳號／19260956 大境文化事業有限公司

國家圖書館出版品預行編目資料
「黃金比率」調味法：
必學基本料理 100！
ORANGE PAGE 著；二版．臺北市
出版菊文化，2025［114］ 128 面；
21.7×27.6 公分．
（Joy Cooking；J164）
ISBN / 9786267611029
1.CST：烹飪　2.CST：食譜
427　114000158

STAFF
料理／市瀬悦子
料理助理／是永彩江香　織田真理子
攝影／髙杉 純
造型／浜田恵子（P4 ～ 121、P126 ～ 132）
久保田朋子（P122 ～ 125）
藝術指導／ Concent, Inc.（髙橋裕子）
（竹林加奈子　小林明里　山口かおる　長沼千夏　中西麻実）
熱量、鹽分計算／五戸美香（ナッツカンパニー）
編輯／藤井裕子

請連結至以下表單填寫讀者回函，將不定期的收到優惠通知。